花开四季

——美享一生的种花技巧

编著 占家智 羊 茜 王克明

U0227421

科学技术文献出版社

SCIENTIFIC AND TECHNICAL DOCUMENTATION PRESS

图书在版编目（CIP）数据

花开四季：美享一生的种花技巧／占家智，羊茜，王克明编著．—北京：科学技术文献出版社，2012.8

ISBN 978-7-5023-7121-0

I.①花… II.①占…②羊…③王… III.①花卉－观赏园艺－图解 IV.① S68-64

中国版本图书馆 CIP 数据核字（2011）第 258435 号

花开四季——美享一生的种花技巧

策 划 编 辑：孙江莉　责任编辑：孙江莉　责任校对：张吲哚　责任出版：王杰馨

出　版　者	科学技术文献出版社
地　　　址	北京市复兴路 15 号　邮编 100038
编　务　部	(010)58882938，58882087(传真)
发　行　部	(010)58882868，58882866(传真)
邮　购　部	(010)58882873
官 方 网 址	http://www.stdp.com.cn
淘 宝 旗 舰 店	http://stbook.taobao.com
发　行　者	科学技术文献出版社发行　全国各地新华书店经销
印　刷　者	北京画中画印刷有限公司
版　　　次	2012 年 8 月第 1 版　2012 年 8 月第 1 次印刷
开　　　本	710×1050 1/16 开
字　　　数	141 千
印　　　张	8
书　　　号	ISBN 978-7-5023-7121-0
定　　　价	32.00 元

中华民族自古就有养花爱花的优良传统，莳养花草已经有几千年的悠久历史，许多流行全球的花卉都来自我国，因此我国有"世界园林之母"的美誉。

随着社会经济的发展和我国改革开放的大好形势，人们的物质、精神和文化生活有了很大的提高，因此，养花赏草已经进入到我们家庭生活中，并成为一种快乐生活的时尚，越来越多的市民喜爱让家庭中四季开花，形成美化家庭、陶冶性情的好风尚。

要让我们家庭花开四季并不难，只要我们掌握花卉的生长习性，熟知它对水分、肥料、土壤、温度、湿度和光照的要求，便能很好地莳花养草，欣赏我们自己的花卉。

为了让家庭花开四季：春季室外有桃花，室内有兰花，夏季室外有芍药花，室内有月季花，秋天室内外盛开菊花，冬天室内清养水仙花，以及有适宜于家庭栽培的各种花卉。为了让我们的家园充满诗情画意、宁静温馨，让我们家里"花不在多，有香则名。草不在深，有绿则灵。虽是陋室，惟吾德馨"。也为了更好地服务花友，提高大家莳养花卉的水平，我们在科学技术文献出版社的支持下，编写了这本《花开四季——美享一生的种花技巧》。

作者本着通俗易懂、实用方便的方针编写。除了简要介绍养花知识、养花准备、家庭养花技巧、花卉管理及病虫害防治等一般技术外，还选择八十余种适合家庭莳养的花卉，包括我国十大名花、观花花卉、观叶花卉、观果花卉和多肉植物，并对每种花卉的生长习性、栽培管理、繁殖及应用等实用技术做简要介绍，以期引领读者选择适合自己的花卉，并掌握良好的种养技巧，使家庭四季都有魅力芳香的花相伴。

为了使读者能形象地识花、赏花、栽花，书内对所有介绍的花卉都配精美彩图，方便读者按图索骥，通过看图更好地掌握种花的技巧。

由于我们水平有限，书中难免有疏漏之处，尚请读者不吝指正！

占家智

目 录 ...

二、 观叶植物种养

目录 ...

花开四季

——美享一生的种花技巧

Part 1

养花知识

随着物质文化生活水平的提高，人们越来越注重生活的品位。花卉养植已成为构筑居室环境不可缺少的一部分，人们已将它看作居室环境质量的一个重要衡量指标。

🌸 花的组成

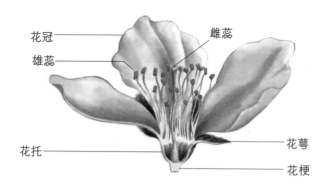

花分为完全花和不完全花，如果一朵花是由花梗、花托、花萼、花冠、雄蕊和雌蕊这六部分组成的则称之为完全花。缺少其中一部分或几部分的则叫做不完全花。

花梗 花梗是指直接着生花并连接茎的短柄。

花托 花梗顶端膨大的部分叫花托。

花被 花被包括花萼和花冠。不同种类的花卉花萼和花瓣千姿百态，它们的颜色、形状、大小以及层次的变化很大，是花的主要观赏部分。

雄蕊 雄蕊由花丝和花药两部分组成，位于花冠的内轮。

雌蕊 雌蕊位于花的中央部分，由柱头、花柱和子房三部分组成。

🌸 花卉类型

花是植物的繁殖器官，卉是百草的总称。

花卉的含义包括狭义和广义两种，狭义的花卉是指具有观赏价值的草本植物，如兰花、菊花、一串红、香石竹等。广义的花卉除指有观赏价值的草本植物外，还包括灌木、乔木、观叶植物以及盆景等。如梅花、山茶花、杜鹃、万年青等。

1. 按形态特征分类

●草本花卉

茎干为草质，茎、枝柔软。按其生长发育周期，又可分为一年生草本花卉、二年生草本花卉和多年生草本花卉。

一年生草本花卉：一年生花卉为春季播种，于当年夏秋开花结实。如一串红、凤仙花、小万寿菊、翠菊等。

二年生草本花卉：为秋播花卉，于次年春夏季开花结实。如瓜叶菊、羽衣甘蓝、三色堇等。

球根花卉：仙客来

多年生草本花卉：此类花卉地下茎或根为多年生。又可分为宿根花卉和球根花卉。

宿根花卉：地下茎或根形态正常，在寒冷地区，地上部分冬季枯死，第二年春又从根部萌发出新的茎叶，生长开花，这样能连续生长多年，如芍药、菊花、玉簪、萱草等。也有地上部分常青的，如兰花、一叶兰、文竹等。

球根花卉：是多年生花卉的一种特殊形态。其地下根茎变态成为球状或块状。如水仙、风信子、百合、郁金香、仙客来、马蹄莲等。

●木本花卉

可分为乔木、灌木及藤本花卉。乔木花卉植株较高大，如白玉兰、桃花、樱花等；灌木花卉枝条呈丛生状态，如月季、栀子花、杜鹃、扶桑等；藤本花卉常攀缘它物向上生长，如常春藤、紫藤、三角花等。

木本花卉

●肉质多浆类花卉

茎叶肥厚多浆，贮藏有大量水分，能在特别干燥环境下生长。如仙人掌类及景天科的许多植物，包括仙人掌、蟹爪兰、令箭荷花、景天等。

肉质多浆类花卉

●水生花卉

生长在水中的一类花卉。如常见的荷花、睡莲、王莲等。

2. 根据观赏器官分类

观花类

以观赏花色、花形为主，如菊花、仙客来、牡丹、玉兰等。

观叶·类

以观赏叶色、叶形为主，如文竹、橡皮树、棕竹、绿萝、龙血树等。

观果类

以观赏果实为主，如观赏辣椒、佛手、金橘、代代、石榴等。

观茎类

以观赏枝茎为主，如佛肚竹、光棍树、山影拳、虎刺梅等。

观赏苞片类

主要有一品红、一品黄和叶子花等。

观芽类

主要观赏芽，常见的有银柳等。

观赏佛焰苞类

主要有马蹄莲、红鹤芋等。

3. 根据经济用途分类

●观赏用花

花坛花卉：以露地草花为主的花卉，如一串红、石竹、美女樱等。

盆栽花卉：以装饰室内或庭园为主的花卉，如菊花、兰花、仙客来、君子兰等。

盆景花卉：各种常绿和落叶木本植物，经过造型，制作出各种类型的盆景，如五针松、罗汉松、雀梅等。

切花花卉：以生产切花为主的花卉，如菊花、唐菖蒲、香石竹等。

庭院花卉：以地栽布置庭院为主的花卉，如腊梅、芍药、牡丹、紫薇、凌霄等。

水生花卉：生长在水中美化水面的花卉，如荷花、睡莲等。

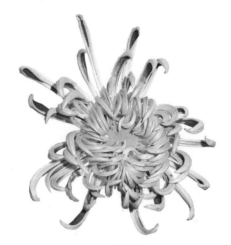

菊花是常用的切花材料

●香料用花

花卉在香料工业中占有重要的地位。如茉莉、玫瑰、水仙花、熏衣草等可以提炼高级芳香油和浸膏。

●茶用花

茉莉花、桂花、玫瑰花等花木都具有宜人的芳香，可以制花茶。其中最有名的就是茉莉花茶和玫瑰花茶。

●医用花

芍药、金银花、菊花、凤仙花、鸡冠花等100多种花均为常用的中药材。

●生态环境用花

许多花木具有吸收有害气体、净化环境的作用。例如夹竹桃、桂花、紫茉莉等对二氧化硫、氯气抗性强；黄杨、一品红、牵牛花等对氟化氢抗性强；霍香蓟、丁香等对臭氧敏感等。

●食品用花

桂花、兰花等均可入馔。

夹竹桃常被用作生态环境指示花卉

一串红是露地花卉

栀子花是夏季花卉

太阳花是阳性花卉

龙舌兰是旱生花卉

4. 根据生长习性分类

露地花卉：凡全部生长过程均能在露地完成的花卉种类叫露地花卉。如一串红等。

温室花卉：亦称室内花卉，必须移放室内才能安全越冬或度夏的花卉，如巴西铁、仙人掌等。室内花卉又分高温型、中温型、低温型等若干类型。

5. 按开花季节分类

春季花卉：如虞美人、雏菊等。

夏季花卉：如栀子花、茉莉花等。

秋季花卉：如桂花、菊花等。

冬季花卉：如腊梅、水仙、一品红等。

6. 按花卉对光照的要求分类

阳性花卉：如太阳花、月季等，这类花卉喜光，要求在全日照条件下生长。

阴性花卉：如八角金盘、变叶木等，这类花卉对光照的要求不高，只要有散射光或折射光也能生长。

半阴性花卉：如杜鹃、山茶等，这类花卉喜欢在早、晚接受到阳光，中午则须遮阴。

长日照花卉：例如唐菖蒲、香豌豆等，这类花卉需要每天日照时间在 12 小时以上。

短日照花卉：如菊、一品红等。这类花卉每日光照时间需少于 12 小时。

中日照花卉：如香石竹、月季等，只要温度合适，一年四季都可以开花。

7. 根据花卉对水分的要求分类

水生花卉：需要生活在水中的花卉，例如荷花、睡莲、王莲等。

湿生花卉：需要生活在潮湿地方的花卉，例如水仙、蕨类、吉祥草等。

中生花卉：需要在湿润的土壤中生长的花卉，例如石榴、月季、米兰、扶桑等绝大多数花卉均属于这一类型。

旱生花卉：在干旱的条件下也能生活的花卉，例如仙人掌类、景天、龙舌兰、石莲花等。

家庭养花的作用

第一，花是大自然美的象征，可以美化我们的环境，丰富我们精神生活。可充分利用住宅小院、空地、阳台，栽花种树，绿化、美化、香化我们的生活环境，同时有净化空气、吸收有害气体和杀灭细菌等作用。

第二，养花有陶冶情操、调节情绪、治疗疾病的重要作用。欣赏花卉的优美姿态，嗅闻芬芳的花香，会使人心旷神怡，疲劳顿失；不同的花色可以改善人的情绪，红、橙、黄色，给人以热烈、辉煌、兴奋和温暖的感觉，青、绿、蓝、白色，给人以清爽、宁静之感，绿色还能缓解焦虑，稳定情绪。花香可以治病，目前已发现有数百种鲜花的香味中含有不同的杀菌素，其中许多是对人体有益的。如菊花的香味，有助于治疗头痛、感冒，薰衣草香有助于治疗哮喘病等。

美化环境

第三，花粉有健身和美容作用。花粉含有多种类型的糖、脂肪、无机盐、微量元素和维生素 A、维生素 B、维生素 C、维生素 D 等多种营养物质以及某些延迟人体组织衰老的激素和抗菌素等，所以是一种良好的天然营养素，能增强体力，延年益寿。花粉还具有美容作用，花粉中所含的多种氨基酸、维生素、核酸等物质，促使皮肤柔嫩，增强弹性。经试用证明，花粉对消除面部小皱纹、粉刺、雀斑等均有一定疗效。

菊花可以泡茶

第四，养花不仅可供观赏，而且还有许多重要的经济价值，如花卉可以做中药材、提取香精、做茶叶、做食品香料和酿酒等。

第五，养花可以增加外汇储备，从玫瑰花中提炼的高级香精——玫瑰油，在国际市场上被誉为"液体黄金"，其价值比黄金还贵。

花卉的欣赏

色彩: 花卉欣赏的第一要义就是赏色，春天可以看到全紫、紫红、米红、粉红、桃红、金黄、玉白、翠绿等各种诱人注目的绚丽花朵的牡丹；夏季可以看到鲜艳夺目的紫、红、橙、黄、白、绿等花色富丽、多姿多彩的月季；秋季欣赏竞相开放色彩缤纷的菊花；冬季又可以欣赏傲霜斗雪的梅花。

香味: 香为花魂，有郁香清远、清芬高洁的兰花；金秋独占，幽香传十里的桂花；花香浓烈，素雅飘芳的白兰。

姿态: 各种千奇百怪的花卉姿态栩栩如生，或如翔凤、望鹤；或如游龙、蹲狮；或若虎踞、仙舞；或似美人春睡；仙子临水照影；少女俯首伫立凝思，低垂含羞，脉脉含情。

神韵: 韵是花的风格、神态和气质。这是赏花的最高情趣。例如在欣赏荷花时会油然涌出一种"出淤泥而不染"的感情，想到莲荷形象的质洁高大。

赏色　闻香　赏姿　赏韵

赠花的礼仪

1. 赠花时机

赠花是一些公关活动的需要，也是一些亲朋好友相互问候的友好使者。当然，不是任何时候都可以赠花的，也不是什么花都可以赠送的。

一是节庆赠花，这些节庆包括元旦、春节、情人节、国际妇女节、基督教复活节、国际劳动节、国际儿童节、母亲节、父亲节、教师节、国庆节、国际敬老节、重阳节、圣诞节等。

二是令人难忘的纪念日，如生日、男女恋爱纪念日、结婚纪念日、毕业日、升迁日、转职、退休等。

三是喜庆的日子，如孩子周年庆、新居落成、乔迁新居、新产品发布会、迎新送旧等。

四是公共场合赠花，如各种展览、演讲、表演、舞会、宴会、运动会、各种竞赛、颁奖、表扬、选举等。

五是其他送花的时机，主要有送给喜爱花的朋友、同事；拜访亲友、客户时赠花；应约赴会时赠花。

2. 春节赠花

"过年想发，客厅摆花"，春节宜选择庆吉祥、添富贵、贺新年、祝发展的盆栽植物。同时可装饰一些贺卡、饰物、缎带等。

宜赠花卉有兰花、桂花、牡丹、杜鹃、菊花、报春花、蟹爪兰、万年青、发财树、人参榕、梅花、瓜叶菊、荷包花、水仙、四季橘、郁金香等。

春节赠送发财树

3. 中秋赠花

中秋赠花以宜兰花为主，包括国兰和洋兰，其次是观叶植物，如苏铁、仙客来、富贵竹、龙血树、发财树等。

4. 情人节赠花

阳历 2 月 14 日是西方的情人节，是情侣、夫妻之间传递情意、表达爱恋的好时机，鲜花和巧克力是最好的礼物，鲜花首选玫瑰，其他的花可做配花，有蝴蝶兰、勿忘我、郁金香、洋桔梗、香水百合、满天星、红色康乃馨、非洲紫罗兰、文心兰等。

情人节赠送玫瑰

农历七月初七是中国古老的情人节，宜送花卉有爱情花、鸡冠花、石榴、蔷薇、玫瑰、仙丹花、天堂鸟、木玫瑰、睡莲、姜荷花、千日红、三色堇、醉蝶花等。

5. 母亲节赠花

每年 5 月的第二个星期日就是母亲节，最常赠送的花就是康乃馨，有"母亲之花"、"神圣之花"的美誉。但是康乃馨也不是随便送的，如

母亲节还适宜赠送蝴蝶兰花

果母亲健在，则送红色、桃红色康乃馨，祝福母亲健康长寿，表达深爱母亲的意思；如果母亲已经去世，则送白色康乃馨，表达对母亲的追悼。

在母亲节还适宜赠送的花有萱草、百合、菊花、火鹤芋、满天星、睡莲、牡丹、玫瑰、蝴蝶兰、文心兰、彩叶芋、茉莉花、宝莲花、天鹅绒、勋章菊等。

6. 父亲节赠花

每年6月第三个星期日是父亲节，可赠送秋石斛，这是"父亲之花"，表示父爱、能力、欢迎和喜悦。其他适宜赠送的花还有玫瑰、菊花、勋章菊、万代兰、文心兰、蝴蝶兰、天堂鸟、鹤顶兰、君子兰、仙人掌、向日葵、剑兰、万年青、黛粉叶、马缨丹等。

7. 祝贺生日赠花

祝贺生日以"健康、快乐"为主题，适宜赠送的花有爱情花、非洲菊、玫瑰、长寿花、瓜叶菊、满天星、白鹤芋、彩叶芋、铃兰、菊花、睡莲、向日葵和各种兰花。

给年纪较大的长者祝寿时，宜赠送桃花、松、柏、万年青、富贵竹、长寿花、寿星草、铁树、红千层、银芽柳、梅花、菊花、兰花、君子兰、仙客来、发财树、常春藤等。

老人生日赠送长寿花

8. 结婚赠花

结婚赠花应以"爱情、幸福、忠贞、喜悦"为主题，可赠送香水百合、麝香百合、姬百合、大丽花、并蒂莲、玫瑰、一品红、康乃馨、常春藤、爱之蔓、百合水仙、水仙、文心兰、蝴蝶兰、万代兰、叶牡丹、紫罗兰、郁金香、铃兰、红色菊花、月季、牡丹等。

9. 结婚纪念日赠花

结婚纪念日赠花应以"浪漫、爱情、幸福、忠贞、天长地久"为主题，可赠送麝香百合、香水百合、葵百合、千日红、满天星、非洲菊、白玉兰、南天竹、各种兰花、红色或桃红色的康乃馨、南天竹等。

结婚赠送百合

10. 看望病人赠花

看望病人赠花应以"关怀、慰问、祝福、康复"为主题，可赠送淡雅的小花束，以海棠、含笑、矢车菊、非洲菊、水仙、兰花、月季、桔梗、铃兰、文心兰、万代兰、蝴蝶兰、玫瑰、万年青、满天星、五彩石竹、洋桔梗等。

看望病人送桔梗

迎接贵宾送红掌

乔迁新居赠送九重葛

11. 乔迁新居赠花

乔迁新居赠花应以"飞黄腾达、美仑美奂、荣华富贵、金玉满堂"为主题，可赠送红色、鲜艳的花束，黄花可作为陪衬，白花绝对不能送，以红千层、开运竹、松、梅花、竹、菊花、吊钟花、九重葛、各种观赏凤梨、状元红、仙客来、各种兰花等为主。

12. 开业庆典赠花

开业庆典赠花应以"生意兴隆、财源广进、吉利、招财进宝"为主题，可赠送一串红、红千层、月季、紫薇、红叶金花、红蕉、牡丹、仙客来、蟹爪兰、沙漠玫瑰、九重葛、发财树、水仙、君子兰、嘉兰、巴西菊、瓜叶菊、彩叶芋、状元红、万年青、松柏、各种凤梨等。

13. 教师节赠花

教师节赠花应以"感恩、怀念、祝福、喜悦"为主题，可赠送向日葵、玫瑰、梦幻花、红色康乃馨、勿忘草、满天星、紫罗兰、红掌、郁金香、大丽花、各种兰花等。

14. 升迁赠花

升迁赠花应以"祝福、仰慕、怀念"为主题，可赠送满天星、勿忘草、天堂鸟、人参榕、万年青、红枫、松、竹、铁树、报春花、松红梅、大丽花、菊花、梅花、荷花、君子兰、瓜叶菊等。

15. 迎接贵宾赠花

迎接贵宾赠花应以"友谊、欢迎、喜悦"为主题，可赠送紫藤、麦杆菊、勿忘草、剑兰、鸡冠花、红掌、孔雀芋、文心兰、虎头兰、蝴蝶兰、鹤顶兰、康乃馨、玫瑰、滴水观音等。

Part 2

看图养花

# 养花的准备

1. 花盆的种类

盆栽花卉必须要有容器，种类很多，形状各异。

瓦盆	用黏土制成，价格便宜，透气性好，适于各类花卉栽培。
陶瓷盆	用陶土或瓷土烧制而成，形状有方形、圆形、菱形、多边形等，最适于作室内栽培或展览之用。
紫砂盆	材质有紫砂、白砂、细砂、陶泥，造型多姿多彩，新颖别致，圆形、梅花形、方形、长方形、六角形、八角形、椭圆形、签筒形、异形，造型美观，透气性较好。 （签筒形适于栽植金银花、紫藤、吊兰及悬崖式桩景等；盆口大且高度适中的紫砂盆，适于种植米兰、石榴、杜鹃、三角梅、菊花等；特大型花盆则适于棕榈、广玉兰、白兰、桂花、铁树、柑橘类及荷花等水生花卉；浅盆适于雀梅、赤楠、枫、榆、南天竹、五针松等盆景树种；微型掌盆适于六月雪、虎耳草、金钱草、蕨类、迎春、美人蕉、黄杨等。）
玻璃钢花钵	具有质轻高强，耐腐蚀的优点。
水盆和盆景盆	水盆盆底无孔，可盛水，可供养水生植物如水仙盆。盆景盆适于栽植蟠曲粗壮的老树桩。
塑料盆	轻便耐用，保水性好，特别适合阳台养花。
兰盆	是一类特殊的花盆，专用于栽植兰花，盆壁有孔，有利于排水通气，质地较讲究。
石盆	常见的有大理石盆，也有钟乳石制成。
木盆	用木材制成，不易破碎，易于移动，可栽植大株花木，还可以悬空吊挂。
木桶	供栽植大型植物用，口径为 60 ～ 100 厘米，多选用耐腐蚀的柏木、杉木制成，并侧面装有把手，便于搬运。
筐	用木条、竹条合钉而成或竹片、藤条编织而成，通气性良好，特别适于悬空立体栽培，因为容器本身的重量较轻。
瓶箱	瓶箱大多为玻璃制品，透明度高，容器封闭，有助于保持器内空气湿度和培养土的水分，利于花木生长。还可防止风吹和空气污染，为花卉创造适宜的小气候。
沙盆或沙槽	一般为 0.5 ～ 1.5 平方米左右的浅盆，底下放置沙或石砾，放水，上面放花盆，改善空气温度、湿度用。
套盆	套盆不是直接栽种植物，而是将盆栽花卉套装在里面。防止盆花浇水时多余的水弄湿地面或家具。
托盘	室内布置时托放花盆，以防浇水时，花盆内水流出弄脏家具或地毯。

瓦盆　　　　　紫砂盆　　　　　塑料盆　　　　玻璃钢花钵　　　　托盘

2. 花盆的选择

首先是花盆大小、高矮要合适。花盆过大，使盆内显得空旷，树木显得矮小，同时盆大盛土多，就会蓄水过多，轻则引起树木徒长，影响造型，重则造成烂根。用盆过小，使盆景显得头重脚轻，缺乏稳定感，且易造成水分、养分不足，影响树木生长。

其次是对于矮壮型树木，盆口面必须小于树冠范围，盆长必须大于树干的高度。

再次是要注意的是合栽式宜用最浅的盆；直干式宜用较浅的盆；斜干式、卧干式、曲干式宜用深度适中的盆；悬崖式宜用最深的盆。

最后要注意的是对于规则型的树木盆景，习惯上用深一些的盆；而自然型的树木盆景，特别是盆中放置配件的，用盆则不可深。

3. 基质

盆花的基质是盆花栽培的关键措施之一，它不但决定盆花的死活，还影响盆花生长、开花、结果的好坏。优良的基质应该是质地疏松，具有良好的保水性能和通气透水性，养分含量适中而全面，酸碱度适中，pH 以 5.5 ～ 7.0 为宜，腐殖质含量高，结构好，没有严重的病虫草害。

常用传统的基质有园田土、河沙、腐叶土、蚯蚓粪、塘泥、松针土、堆肥土、腐叶土、炭化稻壳、棕皮、树皮、水苔、火山灰、泥炭藓和蕨根等。现在用的有泥炭、农用岩棉、椰糠、蛭石、珍珠岩、锯屑酵素菌发酵土、离子培养土、沙和细沙土等。

家用培养土，一般由下列材料组成：

园土：即菜园、果园或者苗圃中的土壤。
腐殖土：由陈年落叶腐烂后形成。
山土或塘泥：指沉积在山间沟底或池塘底层的淤泥。
泥炭土：是种强酸性的基质。
黄沙：河流中的沙子。
砻糠灰：指稻壳燃烧后的灰炭。

4. 其他常用工具

小花铲、铁锹、土筛、拍板

供栽花上盆、配土时用。

竹片或木片小铲

起苗和松土时用。

枝剪

修剪花木用。

浇水壶和喷雾器

浇花用可选购专用的，
也可以用饮料瓶代替。

水桶或小水缸

盛水或沤肥用。

种子袋、记录本

采收、贮藏种子用。

嫁接刀、薄膜、胶带、塑料绳

嫁接花木用。

帘子、大的塑料袋、木箱或纸箱

夏季防晒遮阴、冬季防寒防冻用。

图书资料

多看书、多查资料可帮助
您了解和掌握多方面知识。

上盆

当幼苗长到一定程度，就可以移到花盆中定植，这个过程就叫上盆。换盆的方法和步骤如下。

PIONT 1　上盆时间

上盆一般春、夏、秋均可进行，但春秋季节较好，夏季较少上盆。上盆的具体时间最好选择傍晚或阴雨天进行。

PIONT 2　花盆的选择

用瓦盆时，以稍大于底孔的瓦片，凹面朝下，盖住底孔。用塑料盆及无土基质时，应以塑料纱网垫于底层。

PIONT 3　花盆的处理

上盆装土前，先在盆底排水孔上垫两块瓦片，二者不能挤在一起，两块瓦片上再盖一片大瓦片，三块瓦片构成桥型。再在上面填上蚕豆大小的瓦块或蛋壳，约占花盆的1/5高，最后填上培养土，但不要填足。

PIONT 4　起苗

起苗应用窄的薄竹片或木片将小苗连同根部的土壤一道挖出；脱盆应将花盆倒置过来，一手托住花卉基部，一手抓住花盆外侧，大拇指伸进底孔，一边用力往下摁，一边将盆沿在木凳上轻轻磕动，将整个土团脱离花盆，然后轻轻拍下摁去旧土，修去枯根及部分老根。

为使脱盆顺利，土团不粘盆，换盆当天要停止浇水。大型花木不便倒置时，可用双手紧紧抓住花木下部树干，稍稍提起，再用脚用力将花盆蹬下。

PIONT 5　修剪

在花卉栽入花盆之前，应先对其进行一定的修剪，剪去部分病叶、弱枝和一些细弱的侧根。

PIONT 6　栽种

栽苗前先往花盆中填一小堆底土，使呈馒头型，将苗木根系理顺，让其均匀地分布在"馒头"上方，一手拎住苗木基部，另一手往其四周填土，培养土的高度以盆口以下 3～4 厘米为宜。

PIONT 7　压实

填好后，双手端起花盆，在地上轻轻跺几下，使盆土不留大的空隙，然后再用拇指将花盆四周土压紧，使之与盆紧合，不留空隙。

PIONT 8　坐水

坐水方法与移苗时的坐水相同，即将花盆放到盛水的大盆中，十几分钟后，等到表土吸水湿润时端出。

弄好基肥

做好培养土

准备好花卉

往盆里放 1/3 的土，拆开包装

保护好土坨，一起植入盆中

继续拥土

栽好的花卉

换盆

　　将花卉从一只盆换到另一只盆中栽培，称换盆，一般来说是小盆换成大盆，差盆换成好盆。

PIONT 1　换盆的意义

　　宿根类花卉定植到花盆中一定时间以后，根群充满整个花盆没有伸展的余地了，或者花盆中的培养土经过一定时间以后物理性能变劣、养分减少时，就需要考虑换盆再植。一般来说，换盆次数越多，植株生长越健壮。

PIONT 2　换盆时间

　　宜在秋季植株生长即将停止时或早春枝未萌发前进行，但是当植株出现花蕾时切忌换盆。

PIONT 3　换盆前的处理

　　换盆前一两天要先浇水 1 次，使盆土不干不湿。

PIONT 4　换盆操作

　　用小竹片将盆壁四周土壤拔松，用左手按住盆面土向下倒，以右手拇指从底孔推动盆里的土壤，则可将植株从原盆中倒出。

PIONT 5　修剪与定植

　　剪掉一些根须和老弱枝叶，亦可同时进行分株，最后定植，换盆即完成。

1. 裸根花卉的栽培

新采购的裸根花卉首先要补充水分，将裸根花草在 pH 值为 5 ～ 6 的水中浸泡半个多小时，对植株失水状态起一个缓解作用。取干净的素土加上述偏酸性水调成粥状，把植株的根浸在粥状稀泥中，使根表面都沾满稀泥，以利根表面毛细根和泥土很好地结合，植入盆中时可以边加土边轻轻地抖动植株，使主根和泥土结合，防止留空洞。新栽植株，用瓦盆在底部铺垫一层碎砖、瓦块，以利通气、排水，浇透水后置于阴凉通风处。

2. 袋式栽培

袋式栽培就是将花卉栽于特制的袋中，这是盆栽方式的一种特殊方式。

用编织袋材料剪成宽约 45 ～ 50 厘米，长 60 ～ 80 厘米，然后将长的两边对齐缝牢，做成一圆筒，将圆筒的一头，用绳子将口扎起来，便成一只长袋子。将配好的混合基质用水湿润后装入袋内，一直装到上边袋口刚好能扎起来为止，将上边袋口扎牢。在离袋底 10 ～ 15 厘米处 3 个不同方向，用剪刀各剪一个"八"字形的口子，每边长约 3 厘米，上边每隔 10 ～ 15 厘米，剪同样 3 个口，方向与下排的交错开。然后在每个小剪口中，栽上万寿菊、多头小菊、三色堇、石竹等花苗，再用绳子将它吊起来，挂在阳台一角，或者室内朝南窗口。

3. 柱式栽培

柱式栽培适用于阳台或楼顶，能最有效地节省地面，利用上部空间，也是盆栽方式的一种特殊方式。有三种方式。

一是在栽种绿萝、红宝石、常春藤、合果芋的花盆中央，垂直插入一根竹棍外边裹上棕皮或者海绵等保水材料，叫"气生柱"；这些爬藤植物都有气生根，这些植物为了争夺阳光，就要向上长，而气生根又要吸收水分，就往气生柱上贴，从而形成一根根"绿柱"。

另一种是"柱式花架"，中间一根主轴，周围错落地伸出若干托盘，可将小型盆栽花卉放置于各个盘中，形成"花柱"。

第三种，就是真正将花卉栽种于一种特制的"柱子"上，下边一个重的金属底座，

绿萝的柱状栽培

底座中央竖直一根两米上下的直径约 4 ~ 5 厘米的柱子，柱子上每隔 50 ~ 60 厘米焊有一个带孔的圆盘，直径约 15 厘米，与柱子同圆心。柱外用塑料或编织袋材料包裹，里边填满混合基质，每个隔层的上部插能输液用的小管子。编织袋上，每隔 15 ~ 20 厘米，打个小洞，栽上各种小型花卉，并根据花卉的性质，将喜阳的栽于上部，喜阴的栽于下部，为使花卉在柱上生长均匀，柱子可以经常转动方向。

科学灌溉

1. 浇水时机

判断盆花需要浇水，主要是通过以下几种方法。

一是**看生长表现**。如凤仙花、报春花、八仙花等叶片柔软的草木花卉，当看到它们新梢及叶片发软、下垂就表明已缺水。

二是**检查盆土**。用手指伸入盆中扒扒表土，当指尖感到发凉，表示里面有水，当手指感觉土发硬没有凉润的感觉，就表示里边已干。

三是**敲盆壁**。以手指或小木棒敲击盆壁，听到嘶哑而沉闷的声音时，表示里面水分充足，当声音脆而响亮时，表明里面已干。

四是**看天气**夏天、晴天，水分蒸发量大，浇水要勤，冬天阴雨天，水分蒸发较慢，要少浇水。

五是**掌握浇水时机**。一般夏季晴天每天要浇 1 ~ 2 次水，冬天每 1 ~ 2 周浇一次水。水的温度应与土壤的温度相同，夏季宜在早晨与傍晚进行，冬季最好在中午。

1. 叶片发软是缺水，需要浇水
2. 敲盆壁，确定是否需要浇水
3. 盆土干裂，需要浇水
4. 需要浇水

浇花用雨水、塘水最好，如果是自来水，先将自来水放在缸中或水池中，在露天存放几天让里边的氯气完全挥发掉再用，或者往水中加入 0.1% 的硫酸亚铁改良后再用。我们在家庭养花时，通常会用淘米水来浇花，是非常好的。

淘米水浇花

3. 浇水量

浇水的多少要看花盆的大小、盆土的干湿度来决定，原则是：浇水浇透。如果长期浇水浇不透，盆土就会上湿下干，花卉的根系不能很好往下伸展，对生长不利。如果浇水太多，水又从盆底孔洞大量流失，把盆内养分带走。正确的浇法是连续浇 2～3 次，第一次不要浇得太满，过一会儿等盆内的水全部被土壤吸去后，再浇一些，直到盆底孔中有水缓缓渗出为止。

家庭无土栽培

水培：将花卉根部插入瓶内，加入完全营养液 300～500 毫升，在瓶口用棉花或泡沫塑料塞住，使其直立固定。适用易生根且耐水的观叶植物和球根类花卉，如桃叶珊瑚、广东万年青、水仙、风信子等。

沙培：可用排水性能良好的河沙作基质，沙培时应采用各类市售花肥施肥。适合沙培的花卉种类很多，如天竺葵、紫罗兰、常春藤、石蒜、仙客来、仙人掌类等。

颗粒栽培：在大的玻璃杯或大的玻璃瓶底部先填入少许陶瓷颗粒，将花卉栽入瓶中，再向瓶中缓缓加入配好的营养液。适用名贵的小型君子兰。

珍珠岩培：把珍珠岩放在塑料花盆或陶瓷花盆中，将花卉栽入盆中，用营养液浇透。仙客来很适宜此法栽培。

混合基质：珍珠岩与蛭石的混合、珍珠岩与泥岩的混合、泥炭与蛭石混合以及各种有机基质的混合或有机基质与无机物的混合等等。

| 河沙 | 陶瓷颗粒 | 珍珠岩 | 蛭石 |

 **科学施肥**

1. 肥料对花卉的作用

花谚"活不活在于水，好不好在于肥"。施肥的目的就是补充土壤中营养物质的不足，以便及时满足花卉生长发育过程中对营养元素的需要，确保花卉生长健壮，枝繁叶茂，花多果硕，提高观赏价值。

2. 肥料的种类

• **按肥料的性质分**

在花卉栽培养护中常用的肥料主要分为有机肥料与无机肥料两类。其他还有微肥、液肥、叶肥、根肥等。

• **按施肥方法分**

基肥：在播种、上盆或换盆时将一定比例的肥料混入培养土中，其目的在于增加土壤养分，供给花卉长时期生长的需要。

追肥：根据花卉生长各个阶段的需要，及时补充肥料，就是追肥。

3. 适量施肥

所谓适量，指应根据花卉的不同种类施肥量也不同。

须根类花卉：此类花卉如西洋杜鹃、观赏凤梨等，在室内养护过程中追肥要求少量多次，通常每次追肥每盆施 20 ~ 30粒过磷酸钙。

需要施肥浇水的花卉

球根、肉质类花卉施肥：因为球根和肉质茎可贮藏养分，每次每盆施 15 粒过磷酸钙。

观叶类植物施肥：此类花卉生长迅速、根系发达，需肥量多，如天南星科的万年青等，追肥一般为每月 2 次，每次每盆施 100 ~ 120 粒过磷酸钙。

盆景施肥：盆景施肥量少，一般施用肥效长的肥料，如缓效有机肥骨粉、饼肥等，也可用市售的盆景专用肥。

4. 适时施肥

所谓适时是指应当在花卉需要养分时才施用肥料，如发现花卉叶色变淡，植株细弱，生长不良时就应该及时施用肥料。

一是在同一季节有些花卉需要施肥，而另一些花卉则不需要施肥。如在冬季，吊兰、文竹、君子兰、秋海棠、仙客来、香石竹等生长迅速的花卉，要每 1～2 周浇 1 次肥水；杜鹃、扶桑、含笑、菊花、苏铁、山茶等生长缓慢者，可每 2～3 周浇 1 次肥水；枸杞、桂花、荷花、睡莲、月季、夜丁香、虞美人等生长停滞者，根本不用追肥。

二是要注意不需要施肥的时间。新栽的花卉暂不施肥；开花期不施肥，以免使花蕾、花朵凋落；徒长株不要施肥；休眠期不施肥；夏季不能在中午施肥。

5. 家庭自制花肥

沤制肥水： 将不能食用的霉花生、烂豆子、臭鸡蛋以及鱼肚、鱼鳞、鸡毛、骨头、烂菜收集起来，装到一只缸里，加上水，盖上盖子让它发酵，几个月后，取其发黑发臭的水经过稀释后，即可使用。

豆腐渣经沤制后可以用来做花肥

沤制堆肥： 在院中挖一坑或者于院墙一角，将烂豆、豆腐渣、鱼肚皮等废弃物及青草、树叶等，一层泥土，一层这些东西，交替一层层堆积起来，浇点水，压实，盖上薄膜，约半年后扒开晒干，即可使用。

饼肥： 施用时要注意饼肥在发酵分解过程中会产生高温，若施用不当易烫伤根系，所以在施用前一定要先发酵腐熟。

鸡鸭粪： 鸡鸭粪是一种优质的完全肥料，在花木上盆或换盆时，直径 20 厘米的花盆，把腐熟的鸡鸭粪 100 克左右均匀地撒在盆底或盆的周围，上面覆盖一层土，注意不要使花根直接与肥料接触。

淘米水： 把淘米水放入一个空坛里，将坛口盖严，夏季约经 10 天左右，其他季节约 3 周左右即可使用。使用前先将其搅拌一下，浇花时需注意不要淋在叶面上，以免混浊液污染叶片，影响光泽。

西瓜皮： 把西瓜皮洗净切碎，放在缸里经过 1 周左右日晒，瓜皮即变成烂泥状，加水 3～5 倍搅拌后取其上清液作追肥用；或把西瓜皮和多汁烂菜洗净捣碎后加水沤制腐熟 10 天左右，取出榨干，用其汁液加水 3～5 倍浇花。

Part

十大名花种养 3

梅花

牡丹

菊花

兰花

月季

杜鹃

山茶花

荷花

桂花

水仙

梅花

01 · *Prunus mume*

 基本资料

别名 春梅、干枝梅、红梅。

科属 蔷薇科李属。

品种 有飞蝶宫粉、胭脂红、北京玉蝶、
江梅垂枝、龙游梅、扬州杏梅、洋梅等。

习性及特征 ▶ ▶ ▶

生长习性

喜温暖、干燥和阳光充足环境。较耐寒，耐干旱。

形态特征

落叶小乔木。树高可达 10 米，花有单瓣和重瓣，有红、淡绿、白等色。花期一般在冬季至早春 (12 月至翌年 3 月) 先叶而开，故有"梅先天下春"之说。

栽培方法

在早春 2 ～ 3 月上盆，盆土可用腐叶土 4 份、堆肥土 4 份、沙土 2 份混匀调制的培养土。盆栽后放置在向阳通风处养护，如放在荫蔽地方则生长不良，花少而色淡。如发现因缺铁而引起叶片发黄，可结合浇水浇灌 0.1% 硫酸亚铁溶液。

繁殖方法

培育优良品种及花梅多用嫁接法，砧木可用桃、山桃、毛桃、杏、山杏及梅的实生苗，1 ～ 2 年即可开花。

扦插：11 月剪取一年生枝条，长10 ～ 15 厘米，用 0.2% ～ 0.3% 吲哚丁酸浸蘸 1 ～ 2 秒，插后生根率提高。

病虫害防治

早春缩叶病：用波尔多液喷洒防治或用 65% 代森锌可湿性粉剂 500 倍液喷洒，7 ～ 10 天 1 次，连喷 2 ～ 3 次。

褐腐病：发病初期可用 70% 甲基托布津 1000 倍防治。

煤污病：可用 50% 托布津 500 倍液防治。

蚜虫：4 月中旬至 5 月中旬是为害盛期，每隔 7 ～ 10 天用吡虫啉 1000 倍或 5% 氯氰菊酯 2000 倍防治。

红蜘蛛：用 75% 克螨特乳剂 2000 倍防治。

[**应用**] 可作切花、盆景材料、食用、药用。

[**注意事项**] 怕水涝，浇水不宜过多。

牡丹

02 Paeonia suffruticosa

基本资料

别名 木芍药、洛阳花、富贵花、花王。

科属 毛茛科芍药属。

品种 早花种，如朱砂叠、越粉、清心白等。中花种，如白玉、姚黄、金轮黄、二乔、墨魁等。晚花种，如银粉金鳞、第一娇、美人红、豆绿、罗汉红等。

栽培方法

农历 8 月份栽植牡丹，选择枝条分部匀称，花芽充实饱满，每个枝条上着生 1 ~ 2 个花芽。盆土的调配用腐叶土 2 份、园土 2 份、粗河沙（或炉渣、珍珠岩、蛭石）2 份、马粪 2 份、鸡粪 2 份调配而成。15 天左右即可萌生新根；20 天后新根可生长到 10 ~ 15 厘米。加强肥水管理，在花芽分化期进行叶面追肥，同时疏蕾，选留壮枝壮芽，控制花期。

习性及特征 ▶ ▶ ▶

生长习性

喜凉爽、稍干燥、夏季多雨凉爽和阳光充足环境。适于排水良好、肥沃的微酸性沙壤土。

形态特征

落叶灌木。株高1～2米，肉质根。花单生枝顶，有单瓣或重瓣，呈红、黄、紫、白和粉红等色，花大色艳，最大可达30厘米，花期在4月中下旬。

繁殖方法

分株：在9月下旬至10月上旬开始，选枝叶繁茂的四五年生植株，放阴凉处晾晒2～3天，待根变软后用利刀从自然分枝的连接部位劈开，使分割下来的苗带有3～4个枝条和一部分根系，利于成活。伤口用400倍甲基托布津液浸泡30分钟后再栽，栽后压实，用土封好即可。

嫁接：将接穗下方两侧(面)对称处各斜削一刀，呈一面厚一面薄，刀尖状不规则的三棱形，长2.5厘米左右。然后将晾软的砧木顶端削平，在砧木上方一侧光滑处，竖切一刀，切口略长于接穗削面长度，上深下浅，深度以能含下接穗为标准。再拿住砧木，拇指在切口下方，食指在切口对面挤压，切口就会张开，插入接穗，对准形成层，接穗上部应稍露刀口，即"露白"，有利于接穗与砧木的愈合。最后用麻皮或麻绳自上而下绑扎紧密，涂上用多菌灵、百菌清等灭菌剂调制好的泥浆或加温成液体的石腊，密封切口，即可上盆栽植。

病虫害防治

灰霉病：可选可用1：1：100等量式波尔多液，每10～15天1次，连续喷洒2～3次。

红斑病：可选用40％多菌灵悬浮剂600～800倍液喷洒叶面，7～10天1次，连续2～3次。

吹绵蚧：可喷50％马拉硫磷乳剂800～1000倍液。每10天1次，连续喷2～3次。

根结线虫：用3％甲基异硫磷颗粒剂，每盆4克，均匀地埋入盆土内。

[**应用**] 鲜花观赏、花瓣食用、全花可药用、叶作染料、花瓣和花粉可作为保健食品和饮料、化妆品。

[**注意事项**] 在沙土中栽植生长不良。

菊花

03·Dendranthema morifolium

基本资料

别名 秋菊、黄花、寿客、傅延年、九华、九花、女茎、帝女花、金蕊。

科属 菊科菊属。

品种 菊花是花卉中色彩较丰富、品种较多的一种花，可分为盆菊、独本菊、立菊、悬崖菊、案头菊和塔菊。

习性及特征 ▶ ▶ ▶

生长习性

喜凉爽、温暖、湿润和阳光充足环境，具有一定的耐寒性，尤以小菊类耐寒性更强。宜肥沃、疏松、富含腐殖质和排水良好的砂质壤土。

形态特征

多年生草本宿根草本，株高通常为 60 ~ 150 厘米，茎直立，叶互生，花色有红、黄、橙、紫、绿、白等，还有复色（同一花瓣具有 2 种以上颜色）、双色（花瓣的正面与背面颜色不同）。花期以 10 ~ 12 月为主。

栽培方法

盆土可用园土 5 份、腐叶土 3 份、堆肥 2 份拌合制成培养土，然后将植株栽入盆中。盆的底部用两块瓦片搭好"入"字形排水孔，再放一层炉渣，以利排水，其上覆盖一层培养土，将菊苗放在花盆中央，扶正加土压实，上面留约 2 厘米沿口，以便浇水。初上盆的菊苗要浇透水，并防止日晒，约 5 天后移至向阳处。当菊苗长到 15 ~ 20 厘米高时，需要再移栽 1 次。

繁殖方法

分株：可在春季 4 ~ 5 月结合翻盆换土进行，每 3 ~ 4 个芽为一丛，从根部分开，更换盆土，然后栽入盆中。

扦插：适宜时间为 4 ~ 5 月份。从春天萌发的新枝顶部剪取长约 10 厘米长的嫩枝作插穗。插前在节基下 0.3 厘米处用利刀切平，扦插时可插入大口径的泥盆内，深度以插穗全长的 1/3 为宜。插后将土压实，使接穗与土壤密接，再用喷壶喷透水，放阴凉处养护。约经 15 ~ 25 天后，须根逐渐长出，1 个月后即可分栽上盆。

病虫害防治

锈病：可喷 15% 粉锈宁 1000 倍液。

枯萎病：发现病株立即拔除，轻病株要用 25% 苯米特可湿性粉剂，或 50% 多菌灵粉剂 200 ~ 400 倍液喷洒植株。

蚜虫：可用用 80% 敌敌畏 1000 倍液喷布除治。

红蜘蛛：用 40% 氧化乐果 1000 倍液，也可用三氯杀螨醇 800 倍液喷施。

[**应用**] 菊花是瓶插、花束、花篮的常用材料，也可入药、供食用。

[**注意事项**] 怕高温和积水，忌强光暴晒，不耐干旱。

04·Cymbidium spp.

别名 兰草、山兰、幽兰、芝兰、香草。

科属 兰科多年生宿根常绿草本植物。

品种 可分为春兰、夏兰、秋兰、寒兰等
几类，常见品种有宋梅、绿云、张荷素、
春剑、和字、大绿荷、墨兰等。

习性及特征

生长习性

喜晨光和散射光，要求遮荫度为70%～90%，适生于富含腐殖质、排水良好的微酸性土壤。

形态特征

须根肉质，肥厚而无根毛，丛生于茎基部，具有菌根。地下部分为根状茎，节部膨大而成假球茎。叶带形，花为总状花序或单生，兰花开花的顺序是下面的第二朵先开，然后第一朵和第三朵，以后陆续向上开放。

栽培方法

花盆宜用瓦盆，大小要适宜。栽兰时先在盆底孔上铺上棕皮或小块窗纱，将要栽植的兰花，老草靠边，新草放在中央，加入细山泥。要注意每条根部都要按实，不能虚栽、浮栽，以培养土盖住一半假球茎为度，留沿口1.5～2厘米，浇透水，置荫处，10～12天后才可见光。盆栽兰除冬季进房外，其余时间可在室外荫棚下培养。

繁殖方法

分株：兰花3年分株1次，冬、春花类宜在秋末生长停止时进行，夏、秋花类宜在春季新芽未抽出前进行。每株保持3个以上假球茎，切口涂木炭粉防腐，阴干后立即栽植。

病虫害防治

炭疽病：用0.5%～1%波尔多液或65%代森锌600～800倍，每隔7～10天喷1次。

白绢病：每7～10天喷1次50%的多菌灵或50%的托布津可湿性粉剂500倍液。

花蓟马：喷洒40%氧化乐果乳剂1500倍液，或可用20%菊杀乳油或速果乳油2500倍喷雾。

介壳虫：喷20%的灭扫利5000倍液。

［应用］观赏、盆景、提取芳香油、制作香型化妆品、花茶、药用。
［注意事项］忌高温、干燥和强光。

月季

05·*Rosa chinensis*

别名 长春花、月月红、斗雪红。

科属 蔷薇科蔷薇属。

品种 有春水、绿波、墨绒、绿月季、墨红、和平、明星、香云、东方欲晓、火炬、海涛等。

栽培方法

用园土3份、煤渣2份、堆肥2份混合，每盆加50～100克腐熟的饼肥作基肥。上盆时要带土球，扶正压实浇透水，移至半阴处缓苗1周后移至阳光下。月季开花次数多、花期长，消耗养分量很大，要不断补充。冬季进入温室越冬。

习性及特征

生长习性

喜温暖和阳光，也耐寒。但喜疏松肥沃、富含有机质和排水良好的微酸性土壤，对环境适应性强。

形态特征

常绿或半常绿灌木枝直立，刺少。叶互生，花顶生，有单瓣和重瓣，花色有白、红、黄、粉、紫、橙、粉红、深红、玫瑰紫、淡绿等，花期 5 ～ 11 月，切花月季均为重瓣型，有"花中皇后"称誉。

繁殖方法

嫁接：嫁接是切花月季最常用的一种繁殖方法。嫁接繁殖有枝接（硬枝、嫩枝）和芽接之分。切花月季嫁接繁殖以芽接为主。

扦插：扦插法只限于发根较为容易的月季品种。

病虫害防治

黑斑病：用 75% 百菌清 1000 倍和 70% 甲基托布津 800 倍，15 天 1 次交替使用，效果特好。

白粉病：用 15% 粉锈宁 1000 倍或 42% 粉必清 300 ～ 400 倍液喷洒，20 ～ 25 天喷 1 次。

霜霉病：用 25% 甲霜灵 500 ～ 800 倍或 80% 乙磷铝（疫霜灵）400 ～ 600 倍防治。

根癌病：将病根置于 500 ～ 1000 倍链霉素中处理 30 分钟。

长管蚜虫：用 5% 蚜虱净 1000 倍液喷洒。

[**应用**] 庭院中布置花境、花坛、阳台上或居室等重要材料，花、根、叶均可入药，花可提炼香精，花瓣制作玫瑰糕点。

[**注意事项**] 要注意加强修剪。

杜鹃

06·*Rhododendron spp.*

基本资料

别名 山石榴、山踯躅、红踯躅、映山红、山鹃。

科属 杜鹃花科杜鹃花属。

品种 有映山红、马银花、黄杜鹃、天目杜鹃、毛鹃、黄山杜鹃等。

栽培方法

杜鹃根系浅，无主根，须根多而细，不易深扎。上盆先用瓦片搭成人字形，盖一层粗砂，撒厚2～3厘米的培养土，然后将植株放中间，使根舒展，然后加土离盆近2厘米，压实浇透水，放在半阴半阳处就可以了。

习性及特征

生长习性

适生于酸性土壤上，喜光，稍耐阴，喜温。

形态特征

落叶或半常绿灌木，一般高数十厘米至1～2米，花通常顶生，1至数朵簇生，或多朵集成总状伞形花序，单瓣或重瓣，雄蕊为5的倍数，花大色艳，绚丽异常，有大红、粉红、橙红、肉红、纯白、橙色、青莲以及一花多色等。春鹃花期3～5月，夏鹃花期6月。

繁殖方法

高空压条：选取1～3年生长健壮的粗壮枝进行环状剥皮，在剥皮处绑上塑料薄膜，里面装上潮湿的松末土和粗沙，保持湿润。2～4个月生根，生根后剪下分栽。

靠接：4～8月以毛白杜鹃花作砧木，选优良品种杜鹃做接穗，进行靠接，成活后第二年分栽。

播种：将种子采后晒干，翌春播于花盆内，温度保持在18℃左右，半个月后即可发芽，第二年春季移栽。

病虫害防治

叶肿病：在发芽前喷1波美度石硫合剂，展叶后喷2%波尔多液2～3次，7～10天1次。

杜鹃小叶病：可喷0.05%硫酸锌。

军配虫：5月第一代若虫期可50%杀螟松1000倍防治。

[**应用**] 可用于庭院装饰、制成盆景、花可药用。

[**注意事项**] 怕含石灰质的碱土和排水不良的黏重土，忌渍水，惧烈日暴晒。

山茶花

07·Camellia japonica

基本资料

别名 茶花、玉茗花、冷胭脂、雪里娇、赤玉环。

科属 山茶科山茶属。

品种 有铁壳红、锦袍、白十八、白宝塔、粉霞、大朱砂、金盘荔枝、白芙蓉、大红球等。

栽培方法

宜在春季芽未萌发前或9～10月份栽种，盆土用沙质壤土5～6份、腐叶土3份、细沙1～2份混合使用，栽后浇透水，先放于阴凉处，10天左右移至阳光处。

习性及特征

生长习性

喜温暖、湿润和半阴环境。在肥沃、疏松和排水良好的红壤或黄壤土中生长良好。

形态特征

常绿灌木或小乔木。株高 3 ~ 4 米，花单生或 2 ~ 3 朵着生于枝梢顶端或叶腋间，冬春开花，有单瓣、半重瓣和重瓣，花色有大红、粉红、紫、白及杂色等。花期从 12 月到翌年 3 ~ 4 月为止，花朵直径 5 ~ 6 厘米。

繁殖方法

扦插：以 6 月前后梅雨季节和 9 月为最适宜。选 1 ~ 2 年生健壮枝条为插穗，插于沙床或蛭石苗床上，保持床土湿润，温度在 18 ~ 20℃，6 周后可以生根，当根长至 3 ~ 4 厘米时，便可移植。

嫁接：在砧木的适当部位刻一刀，深达木质部，将削好的接穗贴在砧木内侧，套上塑料袋，增加湿度，促进愈合。

病虫害防治

炭疽病：用 30% 多菌灵 800 倍，或 50% 甲基托布津 800 倍，7 ~ 10 天 1 次，连喷 3 次。

枯枝病：可用 75% 甲基托布津 800 倍喷洒。

山茶藻斑病：用 0.6% 石灰半量式波尔多液或 1 度石硫合剂防治。

茶梢蛾：可喷 B_9 乳剂 500 倍液。

[应用] 丛植或散植，也适宜作盆栽观赏和插花材料。种子榨油，叶作饮料，花供药用。

[注意事项] 不耐严寒，怕高温和强光，不耐阴和水湿。

荷花

08 · Nelumbo nucifera

基本资料

别名 莲花、莲、菡萏、芙蕖、芙蓉、
水芸、水华、泽芝、玉环、六月春等。

科属 睡莲科莲属。

品种 西湖红莲、苏州白莲、小桃红、
并蒂莲、佛座莲、千瓣莲等。

习性及特征

生长习性

喜温暖和充足的阳光，要求富含腐殖质的塘泥作盆土。

形态特征

宿根水生草本植物。地下根状茎长而肥厚，通称藕，叶柄长，常有刺，花挺出水面，花径大，直径可达 15 厘米以上。花色有红、白、乳白、粉红、紫、黄、橙、洒金以及白底红边或洒红点、红条、红斑等色，花期 7～8 月。果熟期 8～9 月。

栽培方法

选用内径 50 厘米、高 70 厘米的桶式瓦盆或浅缸。栽前先在盆底铺上一层约 3～5 厘米厚的粗沙，然后放一层骨粉或腐熟豆饼或鸡鸭粪约 300 克左右作基肥，在肥料的上面填上一层培养土，填到盆的半腰处。种藕头低尾高栽在盆中，藕头覆土约 7～10 厘米，尾部覆土 1～3 厘米。把藕栽入盆内之后，放在庭院或阳台通风良好的向阳处。

繁殖方法

分藕繁殖法：莲花的地下茎有主藕、子藕和孙藕之分，它们都可作种藕进行繁殖。

分藕鞭繁殖法：莲花的地下茎尚未膨大成藕时，称为藕鞭或藕带。将藕鞭分成若干段（含藕节）进行营养繁殖，可培育新的植株。

顶芽繁殖法：莲花的主藕、子藕和孙藕的顶端都有一个顶芽，习称"藕头"或"藕苦"。当气温回升到 14℃时，顶芽开始萌动，便可切下繁殖。

病虫害防治

褐纹病：可用 800～1000 倍代森锌水溶液喷雾。

黑斑病：喷洒 50%托布津或 50%多菌灵或 75%百菌清 500～800 倍液进行防治。

腐烂病：喷洒 50%多菌灵或 50%克菌丹 500～600 倍液进行防治。

荷缢管蚜：用 50%辛硫磷乳剂 1000 倍液，或 50%灭蚜松乳剂 1000 倍液。

[**应用**] 观赏、食用、药用。

[**注意事项**] 需要保证充足的阳光，忌重肥，尤其是忌底肥过量。

桂花

09·Osmantbus fragrans

[应用] 开花时浓香四溢，可观赏，花可加工成桂花糕、桂花酒等食品。

[注意事项] 不耐严寒，忌碱土、忌积水、忌煤烟。

别名 木犀、岩桂。

科属 木犀科木犀属。

品种 有大花金桂、青山银桂、朱砂丹桂、月月桂等。

栽培方法

用土通常取田园土、堆厩肥和河沙各 1/3 配制而成，以早春发芽前上盆为宜。浇水要掌握"二少一多"，即新梢发生前少浇，阴雨水少浇，夏秋季干旱天气需多浇。春季发芽后约每隔 10 天施 1 次充分腐熟的稀薄饼肥水，促使萌芽发枝。

习性及特征

生长习性

喜温暖、湿润，喜爱富含腐殖质微酸性的沙壤土。

形态特征

常绿乔木树冠呈卵圆形，叶对生，呈椭圆形或椭圆状披针形。花色有乳白、黄、橙黄等色，花期为 9 ~ 10 月份，花开时香气浓郁。

繁殖方法

扦插：桂花扦插在 5 月中旬至 7 月中旬和 9 月中旬至 10 月中旬进行。棚内相对湿度保持 85% 以上，温度控制在 18 ~ 30℃，2 个月即可陆续生根。

播种：当年 10 月秋播或翌年春播。播种后，要薄盖稻草，搭棚遮阴。当年苗高 15 ~ 20 厘米。3 年后进行移植栽培。

病虫害防治

叶枯病：用 50% 多菌灵 800 倍或 50% 苯来特 1000 倍喷雾。

黑刺粉虱：喷洒 2.5% 溴氰菊酯或 20% 速灭杀丁 2000 ~ 2500 倍液。

水仙

10·Narcissus tazetta var.chinensis

基本资料

别名 凌波仙子、雅蒜、雅客、姚女花、女史花、雪中花。

科属 石蒜科水仙属。

品种 金盏玉台、银盏玉台、玉玲珑、漳州水仙、崇明水仙等。

栽培方法

将黑褐色的外皮全部剥除，并将球顶部鳞片环剥，使芽顶部露出，再将球的背腹面各竖切一刀，使鳞片松弛，然后放清水浸泡。选用适宜的水养器皿，水仙盆与水仙球要搭配得当，在盆中放一些浅色的小鹅卵石。水量以淹没鳞茎底盘为适度，不要淹到切口，先放阴凉处，养 3 ～ 5 天切口愈合就可以了。

[**应用**] 水养后点缀书案、窗台，水仙释放出的芳香成分具有除邪安神的作用，花和根均可入药。

[**注意事项**] 不耐强光。

🍃 习性及特征

生长习性

喜温暖湿润和阳光，要求肥沃、湿润和排水良好的沙壤土。

形态特征

草本球根花卉，鳞茎球形，皮赤褐色，根白色。叶基生，直立，宽线形，花茎直立，高 20 ～ 30 厘米，顶端着花 4 ～ 10 朵，花期当年 11 月至翌年 4 月。

繁殖方法

分球法：多在秋季，将母球两侧分生的小鳞茎掰下来作种球，种球培养 3 年可成开花大球。

病虫害防治

水仙鳞茎基腐病：种植前用 50% 苯来特 500 倍浸鳞茎 15 ～ 30 分钟，发病可用多菌灵 800 倍灌根。

水仙花叶病毒：用 0.5% 福尔马林液处理鳞茎，消毒半小时，用清水洗净，晾干后贮藏。

水仙茎线虫病：病种球在 50 ～ 52℃ 的热水中浸泡 10 分钟。

刺足根螨：用三氯杀螨醇 1000 倍液浸泡，然后再进行贮藏。

观花植物种养

观叶植物种养

多肉植物种养

观果植物种养

仙客来

01·Cyclamen persicum

[**别名**] 兔耳花、兔子花、萝卜海棠、一品冠。
[**科属**] 报春花科仙客来属。
[**品种**] 欧洲仙客来、地中海仙客来、非洲仙客来、斑叶仙客来等。

[**生长习性**] 喜凉爽湿润和阳光充足环境。宜肥沃、疏松和排水良好的腐叶土或泥炭土。

形态特征

多年生草本球根花卉，株高 20 ~ 30 厘米，球茎扁圆形，底部或两侧密生许多须根。叶心脏形，叶面绿色，因品种不同而有不同斑纹，花下垂，瓣向上反卷。花有红、紫、橙、白等色，花期从秋冬至春。

栽培方法

仙客来一般在休眠后秋季重新萌芽时换盆，盆土用排水良好、腐殖质丰富的肥沃的土壤，栽时球茎上部稍露土面，浇水后，注意通风和遮阴。

繁殖方法

块茎繁殖：一是在秋季 9 ~ 10 月，当休眠的球茎萌发新芽时，按芽丛数将块茎切开，使每一切块都有芽，切口处涂上草木灰或硫磺粉，放在阴处晾干，然后分别作新株栽培。二是春季 4 ~ 5 月，选肥大、充实的球，将球顶削平，以 0.8 ~ 1.0 厘米的距离划成棋盘式格子，沿格子线条由切块顶部向下切，深度达球的 1/3 ~ 1/2，然后栽到盆里放荫蔽处，严格控制浇水，只保持盆土潮润。秋凉后，每一小格子上都长出小芽，这时要把原来的切口加深，待芽长大时，把块茎倒出盆，除去泥土，彻底分开，每盆栽一块，使其成为新株，切块也会逐渐恢复圆球形。

病虫害防治

灰霉病：用 70% 甲基托布津可湿性粉剂 800 倍液，每隔 10 ~ 15 天 1 次，连喷 2 ~ 3 次。

病毒病：将种子放在 75% 酒精处理 1 分钟，洗净后放在 35℃ 温水中自然冷却 24 小时后播种，可降低发病率。

炭疽病：可用 70% 炭疽福美 500 倍液防治。

茶黄螨：可用 15% 氯螨净 2000 倍防治。

蛞蝓：可在花盆周围撒石灰粉。

[**应用**] 是重要的冬季盆花，也是装点客厅、居室和馈赠亲朋的重要花卉。
[**注意事项**] 怕积水，忌强光直射。

郁金香

02·Tulipa gesneriana

[别名] 洋荷花、草麝香、郁香、旱荷花、洋牡丹、洋水仙。
[科属] 百合科郁金香属。
[品种] 克氏郁金香、福氏郁金香、香郁金香、格里郁金香、考夫曼郁金香等。

[生长习性] 喜温暖、湿润和阳光充足环境。宜肥厚和排水良好的沙壤土。

形态特征

多年生宿根草本植物。地下鳞茎圆锥形，横径 2～4 厘米，外被淡黄色至棕褐色皮膜，内有肉质鳞茎 2～5 片。株高 20～50 厘米，直立性，叶长椭圆状披针形，粉绿色。花单生茎顶端，花茎高 20～50 厘米，直立，杯形、碗形、卵形、百合花形，有红、黄、橙、紫、黑、白及各复色。花期 3～5 月。白天开放，傍晚或阴雨天闭合。

栽培方法

用腐叶土、沙土、厩肥土等拌合，加少量饼肥与骨粉作基肥，小盆可栽一球，20 厘米口径的盆可栽 3～4 球。深度以鳞茎顶部与土面平即可。栽后浇透水，放背风向阳处，大约 10 周左右，到芽萌动时移入室内。

水培：直接把郁金香种球置于水中的培植方式。

繁殖方法

播种：种子繁殖后代易发生变异，培育周期长，只在育种上应用。

分球：切花生产主要靠分球繁殖（培育小鳞茎）的方法获得切花生产苗。一般一个成花球栽植后可获得 3～5 个新球。

病虫害防治

菌核病、灰霉病和碎色花瓣病：幼苗和鳞茎，用 50% 苯来特可湿性粉剂 2500 倍液喷洒。

刺足根螨：可用 40% 三氯杀螨醇乳油 1000 倍液喷注鳞茎。

[应用] 是重要的春季切花。鳞茎及根可供药用。
[注意事项] 怕水湿和高温。

秋海棠

03·Begonia evansiana Andr.

[**别名**] 八月春、断肠花、相思草。

[**科属**] 秋海棠科秋海棠属。

[**品种**] 球根海棠、蟆叶秋海棠、铁十字秋海棠、彩纹秋海棠、枫叶秋海棠、眉毛秋海棠、斑叶秋海棠、四季秋海棠、绒叶秋海棠等。

[**生长习性**] 喜气候温凉、湿润的环境。

形态特征

多年生草本植物。高 50 ~ 70 厘米。块茎呈球形，茎直立，上部分枝，光滑。花呈淡红色，腋生。

栽培方法

多年生草本。盆土配比是炉渣、沙土、菜园土各 1 份，混匀使用。移栽时不要损伤幼叶和细根。用竹签挖出幼苗，适当带些土，不要栽得过深，春季移栽，盆上保持湿润，放在通风的半阴处。

繁殖方法

叶插：选发育好、无病虫害的叶片，用利刀垂直于叶脉切 4 ~ 5 个 1 厘米长的切口，将切口斜插进装有细沙的插床上，30 天后可生根。

茎枝插：选健壮无病虫的枝条长 8 ~ 12 厘米，带 2 ~ 3 个芽作插穗，3 ~ 4 月扦插在细沙或蛭石中，保持室温 20℃，土壤湿润，1 个月后生根。

病虫害防治

叶缘灼伤：夏季受到强光直射，植株生长缓慢，株形变矮，叶子变黄，叶缘灼伤。因此，入夏后须注意适当遮阴（荫蔽度为 50%左右），避免强光直射。

[**应用**] 秋海棠常用于布置花坛、草坪边缘、客厅、橱窗或装点家庭窗台、阳台、茶几。全草和块茎可入药。

[**注意事项**] 忌阳光直射，怕干旱、水涝。

矮牵牛

04· Petunia hybrida

[别名] 灵芝牡丹、王冠灯、碧冬茄、裂叶牵牛、喇叭花。

[科属] 茄科碧冬茄属。

[品种] 小瀑布、奏鸣曲、情人节、紫色天堂、苹果少女等。

[生长习性] 喜温暖、干燥和阳光充足环境。

形态特征

一二年或多年生草本植物。茎斜生或匍匐，全株有细小白色绒毛。叶卵形互生，花顶生或腋生，单花，漏斗状。花期 5 ～ 9 月。

栽培方法

应带土球，幼苗具 6 ～ 7 片叶时定植，苗高 10 厘米时摘心 1 次，生长期需充足水分，盛夏不能缺水，保持土壤湿润。

无土海绵栽培：无土海绵栽培由不漏水容器，经特殊处理的海绵栽培体水处理剂及缓释长效营养花肥，栽时将组培苗根部洗净，放入中央植孔内，栽后头 2 ～ 3 天需加满水，待植物适应环境后慢慢减少水量，最后将水量保持 1/3 ～ 1/2。

繁殖方法

播种：3 ～ 4 月或 9 ～ 10 月都可以进行。由于种子细小，宜盆播，土要细，播后覆一层薄土，用坐盆法将盆土渗湿，保持湿润，在 20 ～ 25℃气温下，1 周就能出苗，当长出 4 ～ 5 片真叶时移植。

病虫害防治

花叶病、青枯病：可用 10% 抗菌剂 401 醋酸溶液 1000 倍液喷洒。

蚜虫：用 10 % 二氯苯醚菊酯乳油 2000 ～ 3000 倍液喷杀。

[应用] 是一种极富景观价值的草本盆花，用它布置中心广场、公园花坛、展览景点、家庭窗台。种子可入药。

[注意事项] 不耐寒和霜降，不耐高温，怕积水和阴天。

香雪球

05· Lobularia maritima

[别名] 小白花。

[科属] 十字花科香雪球属。

[品种] 雪毯、小宝石、雪飘、紫罗兰王后等。

[生长习性] 喜温暖、湿润和阳光充足环境。

形态特征

多年生草本。植株较矮小，多分枝而铺散。叶互生，披针形或条形。花小，色白，微香，多数密集呈球形，有紫花、斑叶及矮型(高度在10厘米以内)品种。花期3～6月。

栽培方法

3月下旬盆栽，以供春季和初夏观赏，幼苗先栽在直径10厘米的盆，然后移植到直径17厘米的盆。

[应用] 适用盆栽配置花坛边缘，也是布置毛毡花坛的极佳材料。

[注意事项] 不耐严寒和酷暑。

繁殖方法

播种：春、秋季均可，发芽适温18～22℃，播后7～10天发芽，发芽快而整齐。

病虫害防治

霜霉病、萎蔫病、白锈病：可用65%代森锌可湿性粉剂500倍液喷洒。

粉蝶、菜蛾幼虫：用2.5%溴氰菊酯乳油3000倍液喷杀。

八仙花

06· Hydrangea macrophyllum

[别名] 绣球花、草绣球、紫绣球、阴绣球。

[科属] 虎耳草科八仙花属。

[品种] 银边八仙花、蓝边八仙花、紫茎八仙花、圆锥八仙花、腊莲绣球等。

[生长习性] 喜温暖、湿润和阳光充足环境。宜肥沃、疏松和排水良好的沙壤土。

形态特征

落叶灌木。叶大而稍厚、对生，伞房花序顶生，呈球形，萼片4枚，花色多变，初开时花白色，逐渐转变为浅蓝色，后期又变为淡红色。花期6～7月。

栽培方法

盆土宜选用由园土、腐叶土等量混合，并掺入少量沙土配制而成的培养土，用适量腐熟饼肥为基肥。扦插苗或压条苗移植时，根部需多带宿土，上盆后应浇透水，经常保持土壤湿润，放在室内具有明亮散射光处养护。

繁殖方法

分株：在早春萌发前进行，将根际萌蘖条带根与母株分离栽植。

扦插：有取萌蘖芽扦插和老枝条扦插两种，插后喷水，1个月后即可生根。

病虫害防治

萎蔫病、白粉病和叶斑病：用65%代森锌可湿性粉剂600倍液喷洒。

蚜虫和盲蝽：可用40%氧化乐果乳油1500倍液喷杀。

[应用] 盆栽点缀居室窗台和阳台，成片摆放布置花坛、景点，花可药用。

[注意事项] 花色受土壤酸碱度影响，酸性土花呈蓝色，碱性土则为红色花。怕水湿和干旱。

芍药

07· Paeonia lactiflora Pall

[别名] 娇客、没骨花。

[科属] 毛茛科芍药属。

[品种] 美丽芍药、草芍药、毛叶芍药、白花芍药、多花芍药、川赤芍等。

[生长习性] 要求光照充足，疏松、肥沃、土层深厚处为佳。

形态特征

多年生草本花卉。株高60～90厘米，花单生于当年生枝条的顶端，具较长的花梗，花朵有千瓣(重瓣花)、多瓣、单瓣、楼子(花中心堆起耸立的花瓣，状如楼阁)、冠子(指状如发髻的花瓣)、平顶(指花瓣齐平的千叶花)、丝头(指大叶中心耸立一簇丝状的花瓣)等类型，有白、黄、粉红、紫、玫瑰等多种花色。花期在4～6月。

栽培方法

宜用较大深盆栽植，盆底放碎瓦片等作排水层，盆土用普通培养土加入基肥，放阳台或室外阳光充足处培养。冬季，平盆剪去枯萎的地上部分，将盆仍留室外或将盆卧地，盆面覆土加以保护。

繁殖方法

扦插：秋季剪根，每段长5～10厘米，扦插于沙床，也可成苗。

分株：以秋后叶片枯落后进行为宜，3～4年生母株可分为3～5丛，每丛要有3～5个芽。分株后根系很快复壮生长并促进宿芽饱满。

病虫害防治

红斑病：展叶后每隔半月喷1次800倍50%退菌特或80%代森锌500倍，10天1次，连喷2～3次。

褐斑病：用0.5％等量式波尔多液喷3～4次。

蛴螬：用50%马拉松乳油2000倍液喷杀。

蚜虫：用40%乐果乳油2000倍液喷杀。

[应用] 我国古典园林中用于点缀景色，也可布置花坛、花境和盆栽观赏，也用于切花观赏。芍药为我国常用中药。

[注意事项] 潮湿、排水不良的积水处不宜生长。

马蹄莲

08· Zantedeschia aethiopica

[别名] 水芋、慈姑花、观音莲。

[科属] 天南星科马蹄莲属。

[品种] 黄花马蹄莲、红花马蹄莲、银星马蹄莲。

[生长习性] 喜温暖、湿润和阳光充足环境，花期需有阳光。宜肥沃的壤土或黏质壤土。

[应用] 花、叶俱佳，是重要的切花品种，广泛用于插花、花束和花篮的装饰、欣赏。

[注意事项] 不耐寒，不耐干旱和强光暴晒。

形态特征

多年生草本。株高 40 ~ 70 厘米，肉质块茎。叶心状箭形，叶柄长。花白色，喇叭形。花期 2 ~ 4 月和 8 ~ 9 月，2 次开花。

栽培方法

盆土宜用培养土、腐殖质土和泥炭土配制而成，上盆或换盆可在 9 月进行，施足基肥。枯黄老叶应及时摘除，利于花梗抽出。

繁殖方法

分球：在主要开花期后或植株枯萎、块茎休眠时进行，将块茎挖起，将块茎四周形成的小块或小蘖芽，分离种植。

播种法：将种子点播于盆内，上覆盖 1 厘米左右的厚土，一般 15 ~ 20 天发芽生根。

病虫害防治

叶霉病：播前用 0.2% 多菌灵浸种 30 分钟后再播。

叶斑病：喷 50% 多菌灵 800 倍，15 天 1 次连喷 3 次。

软腐病：用 1000 毫克 / 升的农用链霉素浇灌病土。

红蜘蛛：可用 50% 乙酯杀螨醇 1000 倍液喷杀。

蓟马：用 2.5% 溴氰菊酯乳油 4000 倍液喷杀。

楼斗菜

09· Aquilegia vulgaris

[别名] 楼斗花。
[科属] 毛茛科楼斗菜属。
[品种] 麦尔登急流、杂种楼斗菜。

[生长习性] 喜冷凉、湿润和半阴环境。

形态特征

多年生草本。茎直立，多分枝。一茎着生多花，向后延长成一长距，花色有蓝、紫、红、粉、白等，有重瓣、大花、斑叶等品种。花期5～6月。

栽培方法

播种幼苗移栽6厘米盆，苗高8～10厘米时定植。生长期每月施肥1次，夏季高温多雨季节注意遮阳和排水。

繁殖方法

播种：春、秋季均可进行，播后30～40天发芽。

分株：栽培3年以上母株，在秋季进行分株复壮。

病虫害防治

叶斑病、锈病：用50%托布津可湿性粉剂500倍液和50%萎锈灵可湿性粉剂2000倍液喷洒。

蚜虫和夜蛾：用40%乐果乳油2000倍液喷杀。

[应用] 适用点缀花境、岩石园和小庭院。
[注意事项] 怕高温和强光直射。

石竹

10· Dianthus chinensis

[别名] 中国石竹、洛阳花。
[科属] 石竹科石竹属。
[品种] 须苞石竹、少女石竹、常夏石竹、克那贝石竹等。

[生长习性] 喜凉爽、湿润和阳光充足环境。

形态特征

多年生草本。株高约 40 厘米，花单生或数朵，鲜红、粉红或白色，顶端有不整齐浅齿裂，有大花、重瓣及矮型品种。花期春夏。花后果实陆续成熟。

栽培方法

选用园土 7 份、堆肥土 1 份、沙土 2 份混合配制的培养土。秋播幼苗，经过间苗和移植 1 次，11 月定植。

繁殖方法

播种：9 月秋播，发芽适温 20 ~ 22℃，播后 8 ~ 10 天发芽。

扦插：枝叶茂盛期剪取 5 ~ 6 厘米长的插条，插后 15 ~ 20 天生根。

分株：在秋季或早春进行。

病虫害防治

锈病：可用 50% 萎锈灵可湿性粉剂 2000 倍液喷洒。

红蜘蛛：用 40% 氧化乐果乳油 1500 倍液喷杀。

[应用] 适用于布置花坛、花境和城市中心广场，供盆栽和切花。全草可入药。
[注意事项] 怕酷热，忌积水。

康乃馨

11· Dianthus caryophyllus L

[**别名**] 香石竹、麝香石竹。

[**科属**] 石竹科石竹属。

[**品种**] 包括花境类、玛尔美类、四季开花类和小花型香石竹。

[**生长习性**] 喜阳光充足与通风良好的生态环境。

形态特征

多年生宿根草本。株高 70 ～ 100 厘米，花单生，花朵内瓣呈皱缩状。有半重瓣、重瓣和波状。花期长，每朵花开放的时间长达 15 ～ 25 天。

栽培方法

在栽植前向盆内施以足量的骨粉，培养土的腐殖质丰富，保肥性能良好而微呈碱性的黏质土壤为宜。为促使康乃馨多枝多开花，需从幼苗期开始进行多次摘心，孕蕾时每侧枝只留顶端一个花蕾，顶部以下叶腋萌发的小花蕾和侧枝要及时全部摘除。

繁殖方法

扦插：11 月下旬至 1 月上旬扦插，基质以40%膨胀珍珠岩加60%泥炭苔藓的混合土壤最好。插穗可选在枝条中部叶腋间生出的长 7 ～ 10厘米的侧枝，采插穗时要用"掰芽法"，即手拿侧枝顺主枝向下掰取，使插穗枝带有节痕，这样更易成活。插后经常浇水保持湿度和遮荫，20天左右可生根。

压条：在 8 ～ 9 月进行。选取长枝，在接触地面部分用刀割开皮部，将土压上。经 5 ～ 6 周后，可以生根成活。

病虫害防治

叶斑病：用 75%百菌清 800 ～ 1000 倍喷雾，摘芽、切花后都要喷药保护。

茎腐病：灌注甲氧乙氯汞 800 ～ 1000 倍。

蚜虫：用 2.5%鱼藤精 800 倍液喷杀。

红蜘蛛：用 40%乐果乳剂 1000 倍液杀除。

[**应用**] 是重要的切花材料，广泛用于家庭瓶插和公共场所环境装饰。可入药。

[**注意事项**] 康乃馨为日中性花卉植物，但对光照强度要求较高，阳光充足才能生长良好。

宝莲花

12· Medinilla magnifica

[别名] 珍珠宝莲、宝石莲灯花。
[科属] 野牡丹科酸脚杆属。
[品种] 红色宝莲花、斯氏宝莲花。

[生长习性] 喜高温多湿和半阴环境。

形态特征

常绿灌木。高 1.5 ～ 2 米，单叶，对生，卵形，无柄。花梗长 20 ～ 30 厘米，浅绿色，苞片白色，花冠紫色。

栽培方法

每年早春换盆，盆土保持湿润。生长期多喷水，有利于茎叶生长，每月施肥 1 次，花期前增施 1 ～ 2 次磷、钾肥。花序盛开时可设支柱绑扎，以免花枝过重折断。

繁殖方法

扦插：在初夏 6 ～ 7 月或秋季 9 ～ 10 月进行，选取半木质化嫩枝 15 ～ 18 厘米长，插入泥炭苔藓中，插后 20 ～ 25 天愈合生根。

播种：8 月采种，采种后即播，发芽适温 24 ～ 30℃，播后 15 ～ 20 天发芽。

病虫害防治

叶斑病和茎腐病：用 70% 甲基托布津可湿性粉剂 1000 倍液喷洒。

粉虱和介壳虫：可用 50% 敌百虫乳油 1000 倍液喷杀。

[应用] 观赏。
[注意事项] 不耐寒，忌烈日暴晒，怕积水和干旱。

大丽菊

13· Dahlia pinnata Cav

[别名] 大丽花、大理花、苕菊、洋菊、洋芍药、天竺牡丹等。

[科属] 菊科大丽菊属。

[品种] 红大丽花、卷瓣大丽花。

[生长习性] 喜阳光，宜温和气候，要求疏松肥沃而又排水畅通的沙壤土。

形态特征

多年生草本花卉。株高 50～250 厘米，绿色或紫红色，具粗大纺锤形肉质块根，花顶生，花朵花型、花色等均变化多端，有的象葵花，有的外瓣反卷，有的花瓣扭曲，有的形若牡丹。花朵小的直径不足 6 厘米，而大的却在 33 厘米以上。色彩极其丰富，有白、黄、粉、红、紫、雪、青、墨、紫、天蓝等各种花色。花期长，6～10 月开放，单朵花持续开放 10～15 天，有的花长达 20 多天。

栽培方法

宜选用矮生品种，在 4～5 月定植，用土以园土 50%、细沙 (或过筛的炉灰渣)30%、堆肥土 20%配制的培养土为宜。盆栽整形一般多采用独本和四本整形。培育独本大丽花，自基部开始将所有腋芽全部摘除，随长随摘，只留顶芽一朵花；培养四本大丽花时，当苗高约 10～15 厘米时，基部留 2 节进行摘心，使之形成 4 个侧枝，每个侧枝留顶芽，将其余腋芽全部抹掉，即可开出 4 朵花。

繁殖方法

播种：直播是将秋季收获的种子于翌年春季露地直接播种或温室盆播，播种后的管理，要经常保持土壤湿润，出苗后逐渐加强光照。

扦插：重瓣品种多采用扦插繁殖。

嫁接：为使珍贵品种发育健壮，更好地繁衍后代，可采用嫁接法繁殖。即将大丽花芽接在另一品种的块根上。将大丽花块根带根颈分割成若干块，每块至少带有壮芽 1 个，切口用草木灰涂抹后栽于盆中。

病虫害防治

白粉病：用 2%抗霉菌素 120 水剂 100～200 倍，10 天喷 1 次，连喷 2～3 次。

褐斑病：用 1%波尔多液防治。

蟆蛾：幼虫刚孵出时喷 50%杀螟松 1000 倍液防治。

[应用] 布置花坛，作切花瓶插或盆栽装饰厅堂，是装饰花圈、花篮、花束的主要材料。块根可药用。

[注意事项] 既不耐干旱，更怕水涝。

瓜叶菊

14· *Cineraria cruenta*

[**别名**] 富贵菊、千夜莲、千叶莲。

[**科属**] 菊科。

[**生长习性**] 喜温暖、湿润和阳光充足环境。宜疏松、排水良好的腐叶土。

[**品种**] 大花型：花大而密，径4厘米以上，株高30厘米左右，花密集。

星　型：花小，多数疏散的星状花、舌状花，狭而反卷，径约2厘米，植株较高，可达1米，1株着花120朵左右。

中间型：花径约3.5厘米，多花性。

多花型：花多而株矮，株高约20～30厘米，着花极多，一株花多达四五百朵。

形态特征

多年生草本花卉。株高20～40厘米，茎自立，全株有柔毛，叶心状形，硕大似瓜叶，花如菊花，叶柄较长，叶面绿色，叶背带紫色，头状花序，舌状花冠，花色有黄、红、蓝、紫、淡红、白和杂色，其中蓝色是瓜叶菊的特色，深浅变化在草本花卉中不多见。花瓣有宽、窄，单、复之分。

栽培方法

根据不同的开花时间确定不同的栽培时机，要求在元旦开花的，应在头年6月初播种；要求在春节期间开花的，应在头年8月初播种；要求在"五一"节开花的，可在头年10月初进行播种。如对花期无要求，则以4月、9月播种为宜。

播种土可用腐叶土和细沙各一半配成，盆土浸透水后将种子均匀地撒入土面上，稍盖细土，以看不到种子为度。播后盖上玻璃，保持盆土湿润。在20℃左右的温度条件下，7～10天可发芽，出苗后逐渐掀开玻璃通风，待幼苗长出2～3个真叶时移植在口径7～10厘米的瓦盆中，盆土可用腐叶土、园土各一半加少量沙土配制。换盆时都要带上原土坨，栽后放阴凉处缓苗，缓苗后给予充足的光照。

当植株长出5～6片叶子时将顶芽摘除，促使萌发侧芽，一般每株保留3～4个侧芽。生长期间从植株基部萌发出的侧芽要随时抹去，使养分集中，生长旺盛。春、夏、秋三季要经常保持盆土湿润。夏季浇水要充足，每天还要向植株上喷水和向花盆周围地面洒水，降温增湿，同时要将其移至有遮荫的通风凉爽处培养，避免烈日暴晒，这样有利叶片生长扩大，瓜叶菊开花时间长，消耗营养较多，因而在生长过程中要及时补充肥料，才能保证开花不断。施肥次数应根据植株实际生长情况而定。如果植株生长缓慢，叶片色淡而薄，可每10～14天施一次薄肥，若叶片舒展，颜色深绿，可以减少追肥次数。前期施肥以氮肥为主，入秋后改施氮磷结合的液肥，以利促进花芽分化。

繁殖方法

播种：发芽所需温度为20℃左右。如8月播种，可用盆播或箱播，播后盖上一层薄薄的土，用坐盆浸水法使盆土湿润，放阴凉处，土干后仍用此法，保持盆土湿润，1周后可出苗，20天左右进行1次移植，1个月后再移植于3寸盆中，每次移植应带土球，利于成活。盆土应用腐叶土、园土各半加少量河沙和基肥配制成培养土，使植株生长健壮。

扦插：在花后剪去上部叶，留茎基部数寸，促基部或叶腋萌发新枝，作插穗，插于苗床，放阴凉处，保持盆土湿润，生根后再分栽，越夏较困难，故采用不多。

病虫害防治

白粉病、灰霉病：除注意通风透光和浇水要适量外，可喷25%多菌灵600倍液防治。

白粉病：发病初期可用25%粉锈宁2000倍或70%甲基托布津1000倍防治。

叶斑病：有褐斑和轮斑（黑斑），褐斑病初现小斑点，扩大成圆形褐斑，中央灰褐色至灰白色，上生黑色小粒点。发病初期用80%代森锰锌400倍或50%克菌丹400倍防治。发现鼠妇可用50%辛硫磷1000倍防治。

蚜虫、红蜘蛛：可喷加水1500倍的乐果进行杀除。

鼠妇：潜在花盆底内，取食幼嫩新根，咬断根须和为害地上部分的嫩叶、嫩茎，换盆时注意人工杀除；喷洒50%辛硫磷1000倍液进行防治。

[应用] 瓜叶菊花朵密集，花色异常丰富，花期早，开花整齐，花形丰满，是冬季室内装饰的重要盆花，也是宾馆、车站、空港室内大厅布置的草本盆花。

[注意事项] 不耐高温，怕霜雪，怕强光直射或光照不足。

非洲菊

15· Gerbera jamesonii

[别名] 扶郎花、大丁草、灯盏花。
[科属] 菊科扶郎花属。
[品种] 有红色的美丽、埃斯特尔、塞丽娜，黄色的塔马拉，太阳舞，粉色的获胜者、心爱、西姆巴，白色的比安卡，小型迷你类有苏丹、紫雨和天才。

[生长习性] 喜温暖、湿润和阳光充足环境。

形态特征

多年生宿根草本。株高30～40厘米，全株均被毛，花单生，有白色、黄色、橙色、玫瑰红色、红色等，非洲菊的花型可分三个类型：窄花瓣型、宽花瓣型和重瓣型。花期主要在春季。

栽培方法

宜选用深盆，盆土通常用腐叶土4份、园土3份、堆肥土2份、沙土1份混合调制。以后每年应翻盆换土1次。栽植时需将根颈部分稍露出土面，否则幼芽易腐烂，根颈部，易遭病菌侵袭。

繁殖方法

分株：适应于一些分蘗力较强的非洲菊品种。在3～5月进行，用利器顺着每个分株将植株纵切成几株，待伤口愈合后，再将已分开的各分株挖起移植。

扦插：在3～4月份进行，母株应采用生长1年以上的植株。

播种：春播3～5月，秋播9～10月。播后7～10天发芽。

病虫害防治

白粉病：喷洒100～150倍液胶体硫，有较好的防治效果。

菌核病：另换新土或在根际附近撒五氯硝基苯药土(1：200)防治。

[应用] 切花率高，耐插性好、适合礼仪用花，是国际上重要的切花和盆花装饰材料。
[注意事项] 不耐寒，不耐强光和水湿，不耐干旱。

天人菊

16· *Gaillardia pulchella*

[**别名**] 六月菊。
[**科属**] 菊科天人菊属。
[**品种**] 筒花天人菊、矢车天人菊、红羽、黄太阳等。

[**生长习性**] 喜温暖、湿润和阳光充足环境。

形态特征

一年生草本。全株被软毛。叶互生，披针形，舌状花黄色，基部紫红色，筒状花紫色。花期6～9月。

栽培方法

苗高6厘米定植上盆，盆土以疏松、肥沃和微酸性土壤最好，生长期每月施肥1次，肥水不宜过多，否则植株易徒长，花期反而推迟或不整齐。

繁殖方法

播种：4月春播，播时可掺沙子，播后15～20天发芽。

病虫害防治

叶斑病、白粉病：可用65%代森锌可湿性粉剂500倍液喷洒。

叶蝉、蓟马：用40%氧化乐果乳油1500倍液喷杀。

[**应用**] 适用于花坛、花境布置，也可作盆花或切花。

[**注意事项**] 不耐寒。

金盏菊

17· Calendula officinalis

[别名] 醒酒花。
[科属] 菊科金盏菊属。
[品种] 邦邦、凯布洛纳、宴会、艺术的夜色等。

[生长习性] 喜凉爽和阳光充足环境。

形态特征

一或二年生草本。株高 30 ~ 50 厘米，全株具毛。叶互生，每朵花的边花为舌状花，中央为筒状花，舌状花黄色或橙色，花期以 2 ~ 4 月最好，夏季也开花。

栽培方法

幼苗早春具 3 ~ 4 片真叶时移栽，5 ~ 6 片真叶时定植于 10 厘米盆，并开始摘心，促使分枝。生长期每半月施肥 1 次，保持土壤湿润。

繁殖方法

播种：9 月秋播，播后 8 ~ 10 天发芽，播种至开花需 80 ~ 90 天。

病虫害防治

枯萎病、霜霉病：可用 65%代森锌可湿性粉剂 500 倍液喷洒防治。

蚜虫：用 40%氧化乐果乳油 1000 倍液喷洒。

红蜘蛛：用 40%三氯杀螨醇 1000 倍液喷杀。

[应用] 可作切花及盆栽，适用于中心广场、花坛、花带成片摆放。
[注意事项] 怕炎热。

观赏向日葵

18· Heliathus decapetalus

[别名] 薄叶向日葵、葵花、太阳花、向阳花、朝阳花、转日莲。

[科属] 菊科向日葵属。

[品种] 有矮生和重瓣种。

[生长习性] 喜温暖和阳光充足环境。

形态特征

多年生草本植物。向日葵具有向日性，茎端圆盘形花，能随日光转移，早上日东升，则花向东，正午日居中天，则花仰承直上，夕阳西下，葵亦向西。株高20～50厘米，头状花序，直径15～30厘米，花色丰富，舌状花金黄色，管状花也是金黄色或褐色，有深红、褐红、铜色、金黄、柠檬黄、乳白等色。花期6月下旬至9月上旬。

栽培方法

种植前应施足基肥，出苗后，陆续间苗或补苗，每穴留1株，每盆留16～20株。生长期每月追肥1次，及时浇水。切花栽培可分枝，最后盆栽只留一花。

繁殖方法

播种：在2月下旬至3月初播种，以穴播为主，可用点播或条播法，播后覆土，厚度为2厘米，发芽适温20～22℃，播后7～20天发芽。

病虫害防治

白粉病、黑斑病：用50%托布津可湿性粉剂500倍液喷洒。

盲蝽、红蜘蛛：可用40%氧化乐果乳油1000倍液喷杀。

[应用] 切花、盆栽，适用于布置大型花坛，种子可以食用，果皮、花、叶、根等几乎都能够成为药用。

[注意事项] 不耐水湿。

风信子

19· *Hyacinthus orientalis*

[别名] 五色水仙、洋水仙。

[科属] 百合科风信子属。

[品种] 粉红的安娜·玛丽、粉珍珠，淡蓝的荷兰、彩蓝、卡内基，白色的白珍珠，深蓝的奥斯塔雷，大红的简·博斯、红钻石，淡黄的哈莱姆城和橙色的吉普赛女王等。

[生长习性] 喜凉爽、稍湿润和阳光充足环境。

形态特征

多年生草本球根花卉。鳞茎卵形，外皮包膜，紫红或淡紫绿色。叶 4 ~ 8 枚，肉质，肥厚细长，披针形，有凹沟。花茎肉质，总状花序丰满顶生，由 15 ~ 20 朵小花组成。花色有红、蓝、紫、黄白和粉红等。3 月开花，花期 3 ~ 4 月。

栽培方法

盆土可用腐叶土、园土和沙土各 1/3 配制的培养土。栽植深度以鳞茎的肩部与土面等平为宜。栽后充分浇水放入冷室内，并用干沙土埋上，埋的厚度以不见花盆为度。室温保持在 4 ~ 6℃，促使其发根。

繁殖方法

分球：夏季，风信子植株枯萎进入休眠期，将其从土中挖出，晾干贮藏，到秋季 9 ~ 10 月栽植前，将子球与母球分离，另行栽植即可。

子球：即在鳞茎休眠阶段，将鳞茎底部用小刀划成十字形或米字形，埋于沙中 2 ~ 3 周，等切口愈合后，再栽到培养土中，至夏末，旧鳞茎边缘上会产生许多小鳞茎，待小鳞茎长到 1 厘米左右时，可分开栽培。

病虫害防治

黄腐病：喷洒 600 倍代森锌保护挖掘鳞茎时避免造成伤口。

介壳虫：用 40%氧化乐果乳油 1500 倍液喷杀。

[应用] 摆放花坛、花槽、景点，其景观效果十分突出。风信子也可水养或切花观赏。

[注意事项] 怕高温和积水。

君子兰

20· Clivia miniata

[**别名**] 大花君子兰、大叶石蒜、剑叶石蒜。
[**科属**] 石蒜科君子兰属。
[**品种**] 大花君子兰、垂笑君子兰两大类，具体品种有黄技师、花脸、金丝兰、园兰、鞍山兰、横兰、雀兰、缟兰等。

[**生长习性**] 喜半阴，疏松肥沃的腐殖质土壤。

形态特征

常绿草本。根肉质。茎短缩。叶2列，基部成假鳞茎，叶片革质，宽带形。花葶自叶腋抽出，肉质，伞形花序顶生，花被漏斗形，外面橘红色，内面黄色。花期冬春。

栽培方法

上盆时间3～4月或9～10月。花盆的大小要根据君子兰叶片多少而定。2叶用10厘米盆；3～5叶12厘米盆；6～10叶用20厘米盆，10～15叶用26厘米盆；4年生以上用30厘米盆。上盆的基质有椰糠、泥炭、腐叶土、河沙、炉渣、木炭、锯屑等。上盆后放在阴蔽处1周左右，使逐渐恢复元气。1周后可逐渐增加光照。

繁殖方法

分株：君子兰根颈周围容易产生分蘖，俗称"脚芽"，人们可利用这种分蘖进行繁殖。分株时间于春季3～4月结合换盆进行。

播种：播种宜于早春进行。采用点播法，播后覆土约1～1.5厘米，保持盆土湿润，约经35～45天发芽。

病虫害防治

细菌性软腐病：用400毫克/升链霉素或土霉素灌根或喷洒。

白绢病：喷70%甲基托布津1000倍，7～10天1次，交替使用2～4次。

黄化病：在用0.1%硫酸亚铁喷布或土施1%硫酸亚铁与硫磺粉。

介壳虫：在若虫期喷2.5%溴氰菊酯2500倍。成虫期可喷40%速朴乳油1500倍。

[**应用**] 观叶观花，是美化家庭环境的良种花卉。
[**注意事项**] 忌烈日暴晒，不耐积水。

蝴蝶兰

21 · Phalaenopsis amabilis

[别名] 蝶兰、洋兰皇后。

[科属] 兰科蝴蝶兰属。

[品种] 白花系、黄花系、粉红花系、点花系、条花纹等。

[生长习性] 喜高温、多湿和半阴环境。宜肥沃和排水良好的微酸性腐叶土。

形态特征

多年生常绿草本。叶丛生舌状，浅绿色，花茎拱形，长 20 ～ 30 厘米，着花 3 ～ 9 朵，花径约 10 厘米，花形似蝶，花有红、黄、白、紫、橙、蓝等色，还有双色或三色。多在秋季开花。花期 60 ～ 80 天。

栽培方法

栽培时要求根部通气好，选多孔瓦盆，盆土用苔藓、树皮块、木炭粒等混合配制，栽时要将部分根露于盆面，新株栽植后 30 ～ 40 天长出新根。

繁殖方法

分株：以 4 ~ 5 月最好，将母株从盆内托出，少伤根叶，把兰苗轻轻掰开，选用 2 ~ 3 株直接盆栽，放半阴处恢复。

扦插：在开花时，有很长的花梗，待花后可切成小段，长 2 ~ 3 厘米，放泥炭中，保持湿润，长出新芽后移栽。

根系繁殖：即将根覆盖苔藓，1 周内不浇水，萌发新根后浇水，在温度 18℃ 下，新的根芽可成长为株苗，可以分栽上盆。

病虫害防治

褐斑病、软腐病：用 50% 多菌灵可湿性粉剂 1000 倍液喷洒。

介壳虫、粉虱：用 2.5% 溴氰菊酯乳油 3000 倍液喷杀。

[**应用**] 蝴蝶兰花形丰满、优美，是目前花卉市场主要的切花和盆花材料。

[**注意事项**] 不耐寒，怕干旱和强光。

大花蕙兰

22. Cymbidium faberi

[**别名**] 虎头兰、蝉兰、东亚兰、新美娘兰、喜姆比兰。

[**科属**] 兰科兰属。

[**品种**] 双飞燕、沉香虎头兰、青蝉兰、文山红柱兰等。

[**生长习性**] 兰花喜较高的空气湿度，生长最适用湿度为 60%～70%。

形态特征

假球茎粗壮，长椭圆形，上有 6～8 枚带形叶片，长 70～100 厘米，宽 2～3 厘米。着花 6～12 朵或更多，花大型，直径 6～13 厘米，有白、粉、红、紫、黄、绿、褐和各种过渡色与复合色，花期 4～11 月。

栽培方法

上盆时间 3～5 月，上盆的基质有椰糠、泥炭、腐叶土、木炭、锯屑等。上盆后用雨水浇灌，放在阴蔽处 1 周左右。秋冬春应经常在植株周围洒水，增加空气湿度。

繁殖方法

分株：适宜时间在花后，新芽未长大前，这时正值短暂的休眠期。用利刀将假球茎切开，每丛苗应带有 2～3 枚假球茎，其中 1 枚必须是前一年新形成的，伤口涂上硫磺粉，干燥 1～2 天后单独上盆。

病虫害防治

炭疽病：用 1000 倍百菌清液喷杀。

软腐病：用 800 倍井冈霉素喷杀。

叶螨：用三氯杀虫螨 500 倍液喷杀。

[**应用**] 大花蕙兰适用于点缀家庭窗台、阳台和公共场所室内环境的装饰。

[**注意事项**] 不宜放在阳光下直晒，否则会日灼。

兜兰

23·Paphiopedilum insigne

[别名] 拖鞋兰、美丽兜兰。

[科属] 兰科兜兰属。

[品种] 长瓣兜兰、飘带兜兰、卷萼兜兰、硬叶兜兰、带叶兜兰等。

[生长习性] 喜温暖、潮湿和半阴环境。宜肥沃、疏松和排水良好的腐叶土。

形态特征

多年生常绿草本植物。茎短，叶从近基部抽出。花蕾从叶丛抽出，唇瓣拖鞋状（口袋状），花大，径 10～13 厘米，花以黄绿色为主，背萼粉红色，有紫红斑。单花期4～6 周，花期 10 月至翌年 3 月，养护得当，四季有花。

栽培方法

兜兰盆栽应根据植株大小选择花盆，植株较小，宜选直径 10～12 厘米；植株较大，则应选较大的花盆。盆土用腐叶土、泥炭土、苔藓等即可。家庭莳养可常年放在室内明亮处，冬季要较多的光照。

繁殖方法

分株：初春或花后休眠期进行，将栽培 3 年左右的植株倒出，轻轻切开，切口涂草木灰防腐，晾干后再栽，每盆 3 株左右，栽后放于半阴处，2 周后可生根。

病虫害防治

叶斑病、软腐病：可用 70%甲基托布津可湿性粉剂 800 倍液喷洒。

潜叶蝇：用 40%氧化乐果乳油 1000 倍液喷杀。

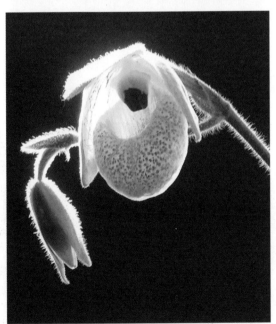

[应用] 兜兰花形奇特，花期特长，适用于盆栽或吊盆观赏。花枝可用于切花插瓶。

[注意事项] 怕强光直射，不耐寒，忌干燥。

卡特兰

24· Cattleya bowringiana

[别名] 嘉德丽亚兰、卡特利雅兰。

[科属] 兰科卡特利亚兰属。

[品种] 两色卡特兰、大花卡特兰、蕾丽卡特兰等。

[生长习性] 喜温暖、湿润和半阴环境。宜肥沃、疏松和排水良好的泥炭苔藓土。

形态特征

多年生常绿附生草本植物。假球茎有纵沟，呈棍棒状，花序从假球茎上抽出，一般一年开一次花，花色有黄、白、橙红、深红、紫红、绿及各种变色。花径13～15厘米，最大可达21厘米，唇瓣管状，基部黄色，先端深红色。

栽培方法

盆栽宜选多孔盆，盆土用蕨根、树皮块、苔藓、木炭块和多孔陶粒或碎砖等，将卡特兰的根均匀地分散在多孔盆中，注意新芽朝向盆沿，栽紧压实。栽后放于半阴、湿润处，约2～3周成活。

繁殖方法

分株：3月待新芽刚长出或花后，将基部根茎剪开，每丛至少有3个假球茎，并带有新芽，待长出新根后盆栽。

病虫害防治

黑斑病：用70％甲基托布津800倍液喷洒。

红蜘蛛：用40％氧化乐果乳油1000倍液喷杀。

[应用] 是高档的切花和盆栽材料，也是制作婚礼中的捧花材料。

[注意事项] 不耐寒，怕干旱和强光。

三色堇

25· Violo tricolor

[别名] 蝴蝶花、猫儿脸、鬼脸花。

[科属] 堇菜科堇菜属。

[品种] 巨像、笑脸、帝国、瑞士巨星等。

[生长习性] 耐寒、喜凉爽和阳光充足环境。宜疏松、肥沃和排水良好的培养土和泥炭土。

形态特征

多年生草本植物。株高可达 30 厘米，全株光滑，多分枝，花期冬春，花期可一直延至 5 月下旬。花大，两侧对称，花形如蝶。一花三色，通常为紫、黄、白。有纯色、复色、大花、高型以及具有香味的品种。

栽培方法

幼苗具 4 ～ 5 片真叶时移栽 6 厘米盆，7 ～ 8 片叶时定植于 10 厘米盆。生长期保持土壤湿润，每月施肥 1 次。初花时增施磷、钾肥 2 次。

繁殖方法

播种：9 月秋播，播后 12 ～ 14 天发芽，长至 3 ～ 6 片叶时便可带土坨移栽。

扦插：5 ～ 6 月进行，剪取植株中心根茎处萌发的短枝，插后 15 ～ 20 天生根。

分株：在花后进行，盆栽老株放在通风、遮阳的地方，能安然过夏、秋后可以分株繁殖。

病虫害防治

灰霉病：用 50% 托布津可湿性粉剂 500 倍液喷洒。

蚜虫：用 40% 乐果乳油 1500 倍液喷杀。

[应用] 适用于城市中心广场、花坛、花槽成片摆放。全草可入药。

[注意事项] 怕高温多湿，生长期如给予充足的水肥和阳光，则花大而多，花期长。

长春花

26· Catharanthus roseus

[别名] 五瓣梅。
[科属] 夹竹桃科长春花属。
[品种] 和平系列、热浪系列、台红、杏乐等。

[生长习性] 喜温暖、稍干燥和阳光充足环境。

形态特征

多年生草本。株高达 60 厘米，叶对生，叶片苍翠，聚伞花序顶生或腋生，有花 2 ~ 3 朵，花瓣似苏丹凤仙，有紫红、红、白、粉、杏黄、淡紫等色，花期夏秋。

栽培方法

盆栽定植可用直径 25 厘米的盆，幼苗长到 3 ~ 4 片真叶时，经间苗并移植 1 次后，于 6 月中、下旬定植。

繁殖方法

播种：4 月春播，发芽适温为 20 ~ 22℃，播后 10 ~ 15 天发芽。

扦插：初夏剪取顶端嫩枝，长 8 ~ 10 厘米，插后 15 ~ 20 天生根。

病虫害防治

叶腐病、锈病：用 65% 代森锌可湿性粉剂 500 倍液喷杀。

根疣线虫：用 80% 二溴氯丙烷乳油加水 50 倍液喷杀。

[应用] 是夏季最主要的草本盆花，叶子可食用，全草含长春花碱，为抗癌药物。
[注意事项] 怕严寒，忌积水。

长寿花

27· Kalanchoe blossfeldiana

[别名] 燕子海棠、红落地生根、圣诞伽蓝菜、寿星花、矮生伽蓝菜、十字海棠。

[科属] 景天科伽蓝菜属。

[品种] 米兰达、卡罗琳、亚历山德拉、玉吊钟等。

[生长习性] 喜温暖、稍湿润和阳光充足环境。生长适温为 15～28℃，超过 30℃生长缓慢，5℃以下会受冻。

形态特征

多年生肉质草本。茎直立，株高 10～30 厘米，叶对生，肉质，长圆状匙形，深绿色，有光泽，边缘稍带红色。花顶生，有绯红、桃红、橙红、黄、橙和白等色，花朵密成团。花期 12 月至翌年 5 月。

栽培方法

用腐叶土 4 份、园土 4 份、河沙 2 份，加少量骨粉、饼肥拌合制成培养土，盆栽后，在稍湿润环境中生长较旺盛。花后要剪去残花。每年花后春末换盆 1 次，更换培养土。

繁殖方法

茎插：可在初夏或初秋进行。保持盆土潮润，插后 10～15 天即可生根。

叶插：剪取带柄的叶片作插穗，斜插于沙土中，约 3～4 周，在叶柄的切口处可生根长芽。

病虫害防治

白粉病和叶枯病：用 65%代森锌可湿性粉剂 600 倍液喷洒。

介壳虫和蚜虫：可用 40%乐果乳油 1500 倍液喷杀。

[应用] 既可观叶，又可赏花，常用来布置窗台、书桌、案头或公共场所的橱窗、大厅花槽。

[注意事项] 不耐寒，怕高温，不耐水湿。

凤仙花

28· Impatiens balsamina

[**别名**] 指甲草、金凤花。
[**科属**] 凤仙花科凤仙花属。
[**品种**] 苏丹凤仙、矮性凤仙、新几内亚杂交凤仙。

[**生长习性**] 喜温暖、湿润和阳光充足环境，耐瘠薄土壤，喜肥沃和排水好的沙壤土。

形态特征

一年生草本。株高 50 ~ 60 厘米，茎肉质，直立，为绿白色或红袍色，花色丰富，常见有粉红、白、紫和红、白镶嵌等色，花朵着生在叶腋内。花为单瓣或重瓣，花期在 6 ~ 8 月。

栽培方法

盆栽宜选栽矮干凤仙，也可用整形的办法来控制株形。对盆栽凤仙苗株打顶使增强分枝，并陆续摘除主茎及分枝基部花朵不使其开花，直至植株长成株丛为止，则所有分枝顶肥壮。

繁殖方法

播种：4 ~ 5 月春播于浅盆内，发芽适温为 18 ~ 20℃，播后 10 ~ 12 天发芽。

病虫害防治

白粉病：可用 50% 托布津可湿性粉剂 1000 倍液喷洒。

蚜虫和粉虱：可用 10% 除虫精乳油 3000 倍液喷杀。

[**应用**] 是盆花的好材料，布置或摆放花坛、花境、路旁，对氟化氢敏感，是一种很好的监测植物。
[**注意事项**] 不耐寒，宜半阴。

鸡冠花

29· Celosia cristata

[别名] 球状鸡冠、鸡冠海棠、穗状鸡冠花、鸡公花、红鸡冠。
[科属] 苋科青葙属。
[品种] 大鸡冠、子母鸡冠、矮鸡冠、凤尾鸡冠花。

[生长习性] 喜温暖、湿润和阳光充足的环境。

形态特征

一年生草本植物。植株 20 ～ 90 厘米。单叶互生，卵状披针形。花顶生，穗状花序，肉质化成鸡冠状。花有鲜红、紫红、橙红、白、红黄、洒金等色，花期 7 ～ 10 月。

栽培方法

宜选矮生型鸡冠花，多接受阳光，控制水肥。但在刚上盆时要稍注意庇荫，浇水，以防发生萎蔫现象。花期要加施磷、钾肥，可使花色更加艳丽。

繁殖方法

播种：播前，应先给盆土浇足水（不施肥），然后播种，覆土要薄。播种后，应在花盆上盖一块玻璃，以减少水分蒸发。见种子出土时，应将玻璃撤去。当幼苗长出 2 ～ 3 片真叶时，要及时分苗。

病虫害防治

立枯病、炭疽病：可用 50% 代森铵水溶液 300 倍液喷洒。

小绿蚱蜢：用 90% 敌百虫原药 1000 倍液喷杀。

蚜虫：可用 40% 氧化乐果 1000 ～ 1500 倍液喷洒。

[应用] 适用于公共场所花带、花坛和花槽装点。花序可入药。

[注意事项] 不耐寒，怕霜冻，不耐瘠薄土壤，在瘠薄土壤中生长的鸡冠花花序变小。

藿香蓟

30·Ageratum conyzoides

[别名] 胜红蓟。
[科属] 菊科藿香蓟属。
[品种] 心叶藿香蓟。

[生长习性] 喜阳光充足，喜温热。

形态特征

多年生草本。叶对生，卵形或菱状卵形，头状花序直径约6毫米，筒状花蓝色或白色。花期夏秋。

栽培方法

幼苗出现 2 ～ 4 个分枝时进行定植盆栽，盆土以农肥、园田土和细砂各 1/3，混合后过筛。小苗栽完后，盆土应压实，浇足水，放阴凉处，7 ～ 10 天后移至阳光处。

繁殖方法

播种：4 月初播种，但用种子繁殖的其高矮及花色往往不一。

扦插：事先盆栽，在温室越冬，花色纯白或纯蓝的母株，通常早春即可采穗扦插。

病虫害防治

根腐病：用 10% 抗菌剂 401 醋酸溶液 1000 倍液喷洒。

锈病：用 50% 萎锈灵可湿性粉剂 2000 倍液喷洒。

粉虱：可用 10% 除虫精乳油 3000 倍液喷杀。

[应用] 可栽植于庭院，又可作盆花。全草药用。

[注意事项] 不耐寒，耐修剪，修剪后能迅速重新开花。

夜香树

31·Cestrum nocturnum

[别名] 木本夜来香、夜丁香、夜香花、洋素馨。
[科属] 茄科夜香树属。
[品种] 瓶儿花、黄花夜香树、紫红夜香树等。

[生长习性] 喜温暖、湿润和阳光充足环境。

形态特征

多年生常绿攀援状灌木。枝叶柔软，有长而下垂枝条。叶薄，嫩绿互生，花黄、红、绿、白色，夏秋开花不断，异香扑鼻，晚上香气浓郁，可使蚊子回避三舍，一般傍晚开花，花期5～10月。

栽培方法

选用肥沃的腐叶土和粗沙的混合土，加少量骨粉。盆底一定要排水良好，排水孔要通畅，过湿会烂根，生长旺期，每7～10天施1次人畜粪尿或饼肥水，适当加些磷酸二氢钾。

繁殖方法

扦插：以春、秋为好，剪取生长健壮的一年生成熟枝条，长10～12厘米，插深4～5厘米，浇透水，保持湿润，25～30天生根。

分株：春季结合换盆时进行。

播种：于早春在温室进行，发芽适温为22～24℃，播后1个半月出苗。

病虫害防治

煤污病和轮纹病：可用50%甲基托布津可湿性粉剂500倍液喷洒。

介壳虫、粉虱：用50%杀螟松乳油1000倍液喷杀。

[应用] 大型盆栽摆放公园、广场、宾馆入口处和厅堂别具风姿。夜丁香还有驱蚊、食用、药用等多种用途。

[注意事项] 不耐寒，花有微毒，在开花时不宜放在婴儿卧室内。

鹤望兰

32·Strelitzia reginae

[别名] 天堂鸟之花、极乐鸟花。
[科属] 芭蕉科望鹤兰属。
[品种] 无叶鹤望兰、大鹤望兰、尼古拉鹤望兰、棒形鹤望兰等。

[生长习性] 喜高温、高湿、阳光充足的气候条件，耐荫蔽。

形态特征

多年生草本植物。植株高 1 ～ 1.3 米，肉质根粗壮，茎不明显。叶大似芭蕉，对生，两侧排列，有长柄。花茎顶生或生于叶腋间，高于叶片。花形独特，花瓣深蓝，开时像仙鹤伸头遥望，十分奇特。一株有花 6 ～ 10 朵，秋、冬开花，花期长达 100 天以上。

栽培方法

培养土可用肥沃的园土、腐叶土加少量河沙配制，并适当加些基肥。栽时不宜过深，以免影响新芽萌发。夏季生长期和秋、冬开花期要充足的水分，早春花后则应减少浇水。

繁殖方法

播种：点播在疏松土壤中，播后 15 ～ 20 天发芽。

分株：春季进行，将植株整丛从土中挖起（尽量多带根系），根据植株大小在保证每小丛分株苗有 2 ～ 3 个芽的前提下合理选择切入口，用利刀从根茎的空隙处将母株分成 2 ～ 3 丛。切口应沾草木灰，并在通风处晾干 3 ～ 5 小时后即可进行种植。

病虫害防治

根腐病：可用 10 % 抗菌剂 401 醋酸溶液 1000 倍液灌注土中。

介壳虫：可用 40% 乐果乳油 1000 倍液喷杀。

[应用] 鹤望兰花形奇特，是国际上较为名贵的高档切花。

[注意事项] 忌干旱，忌瘠薄，畏涝。

美人蕉

33·Canna spp.hybr.

[别名] 红艳蕉。

[科属] 美人蕉科美人蕉属。

[品种] 兰花美人蕉、粉叶美人蕉、藕蕉。

[生长习性] 适应性强，喜暖热气候及向阳环境，以湿润肥沃的深厚土壤为好。

形态特征

多年生球根植物。具粗壮肉质根茎，地上茎直立不分枝。叶互生，宽大，叶柄鞘状。蝎尾状聚伞花序，花有乳白、黄、粉红、大红、橙黄等颜色。花期夏、秋。果为蒴果。

栽培方法

要选矮生品种，用盆宜大，盆土宜肥沃，每盆根茎带 2～3 个芽，栽后浇透水，放在阳光充足的地方。开花前追施 2 次腐熟的有机肥。

繁殖方法

分株：于春季掘出根茎有 2～3 个芽及少量须根分切数段栽种，分别种植在深度为 8～10 厘米的穴内。

播种：先切破种皮或热水浸种一昼夜进行催芽，然后进行播种。

病虫害防治

花叶病：用 50% 马拉硫磷或 70% 丙蚜松 1000 倍液喷施。

芽腐病：用 77% 可杀得可湿性粉剂 500 倍液或 14% 络氨铜水剂 400 倍液喷施。

卷叶虫：用 50% 杀螟松乳油 1000 倍液喷洒防治。

地老虎：用敌百虫 600～800 倍液对根部土壤灌注防治。

[应用] 叶片翠绿，花朵美大，观花又观叶，还可净化空气的良好材料。花朵可入药。

[注意事项] 在生长期应经常保持盆土湿润。

金鱼花

34·Columnea gloriosa.

[别名] 金鱼滕、鲸鱼花、可伦花、口红花。
[科属] 苦苣苔科金鱼草属。
[品种] 小叶金鱼花、长叶金鱼花、细叶金鱼花、尖叶金鱼花、大金鱼花等。

[生长习性] 喜高温高湿，喜明亮的散射光，冬季开花前可增强光照。

形态特征

常绿草质藤本。茎多蔓生，心形叶片，多肉质。枝条下垂，叶卵圆形，绿色，有红色的毛，花大单生于叶腋，花冠筒长8厘米。花期从头年冬一直延至翌年春。

栽培方法

多采用吊盆栽培，盆土可用泥炭，珍珠岩和蛭石等量混合，并可用多孔花盆和泥炭藓、蕨根和树皮块，生长期间要注意充分浇水，适当施肥，秋季应保持充足光照，浇水不宜过多，以稍干为宜。

繁殖方法

扦插：于5～7月花后进行，切取新枝约5～6厘米，插于沙床上用塑料薄膜或玻璃罩好，2～4周可发根。

病虫害防治

叶枯病：发病初期用波尔多液喷洒防治。

腐烂病：可用50%多菌灵可湿性粉剂600倍液喷洒防治。

[应用] 夏秋季节可作为观叶植物点缀居室。冬春又可作为观花植物来观赏。
[注意事项] 金鱼花对低温极敏感，春季适当移入室外光照，以防长时间无光照造成植株软弱，影响观赏。

花烟草

35·*Nicotiana X sanderae*

[**别名**] 红花烟草。
[**科属**] 茄科烟草属。
[**品种**] 具翼烟草、香云。

[**生长习性**] 喜温热、湿润和阳光充足环境。

形态特征

一年生草本。株高 60 ~ 80 厘米，多分枝，叶互生，圆锥花序顶生，花朵疏散，花冠红色，花期夏秋。

栽培方法

苗高 4 ~ 5 厘米时移栽 6 厘米盆，宜肥沃、疏松和排水良好的壤土和培养土。生长期每半月施肥 1 次，需保持盆土湿润，花前增施 1 ~ 2 次磷、钾肥，高秆种应设支撑，防止倒伏。

繁殖方法

播种：4 月春播，播后不覆土。7 ~ 12 天发芽，发芽率高而整齐。

病虫害防治

霜霉病、叶斑病：可用 65% 代森锌可湿性粉剂 600 倍液喷洒。

跳甲、天蛾幼虫：用 90% 敌百虫原药 1500 倍液喷杀。

[**应用**] 是配置大型花坛、花境和建筑物前的好材料。叶供药用，治骨节疼痛、蛇虫咬伤。

[**注意事项**] 不耐寒，怕积水。

曼陀罗花

36·Datura Stramanium

[**别名**] 风茄儿、山茄子、狗核桃、洋金花、悦意花。
[**科属**] 茄科曼陀罗属。
[**品种**] 白花曼陀罗、红花曼陀罗、大花曼陀罗。

[**生长习性**] 喜温暖、向阳、湿润的气候，在肥沃、排水良好的沙质土壤生长良好。

形态特征

一年生草本植物。曼陀罗叶形如茄叶，果实为蒴果，高达 1 ~ 2 米，叶大，宽卵形，长 8 ~ 12 厘米，花单生于枝分叉处或叶腋，直立向上，花冠漏斗形，长 6 ~ 10 厘米，筒部淡绿色，上部白或晕茄紫色，朝开夜合，花期夏秋。

栽培方法

幼苗长有 4 ~ 5 片叶时，即可移植。以富含腐殖质和石灰质土壤为好，栽后浇透水，生长期内除草、松土二次，兼行培土，以防倒伏。

繁殖方法

播种：种子自然繁衍力极强，春季播种，穴深 3 ~ 5 厘米，每穴播入种子 6 ~ 8 粒，覆盖细土及草木灰。覆土要薄，以盖没种子为宜，上面再盖一层薄稻草，然后浇水，保持一定的湿度，待种子发芽后，除去覆草。

病虫害防治

黄萎病：浇灌 50% 甲基硫菌灵或多菌灵可湿性粉剂 600 ~ 700 倍液。

[**应用**] 适宜庭院栽培观赏，花、叶、种子均可入药。
[**注意事项**] 怕涝。

虞美人

37·Papaver rhoeas

[别名] 丽春花、舞草、自动草、无风自动草。
[科属] 罂粟科罂粟属。
[品种] 埃科安虞美人、德根虞美人、冰岛虞美人、彩色草地。

[生长习性] 喜凉爽、通风、稍干燥和阳光充足环境，宜疏松、肥沃和排水良好的沙质土壤。

形态特征

一或二年生草本。全株被糙毛，有乳汁。叶互生，羽状深裂，裂片披针形，缘生粗锯齿。虞美人有舞动的特性，当叶片受到外界的声、光等刺激后，就会不停地舞动，两侧小叶很轻，舞动得更欢。花单生长梗上，未开放时花蕾下垂，花开后即脱落，花色白自经红至紫，并有斑纹花、白边红花、红边白花等品种。花期春夏。

栽培方法

真叶 5 ~ 6 片时移入 6 厘米盆，必须带土球或用营养钵，叶片封盆后定植于 10 厘米盆。生长期保持土壤湿润，每月施肥 1 次，肥量不宜过多，5 月加施磷、钾肥 1 次。花期要及时剪去凋萎花朵，促使开花更盛。

繁殖方法

播种：春秋两季均可播种，通常秋播。种子细小，拌土播种，播种后用细土和草木灰薄薄覆盖。

病虫害防治

枯萎病：可用甲基托布津 1000 倍液喷洒。

蚜虫：用 2.5 % 鱼藤精 1500 倍液喷杀。

[应用] 是极美丽的春季花卉，适用盆栽布置花坛、花境，也可用于切花观赏。
[注意事项] 不耐寒，不耐湿热，忌积水。

天竺葵

38·Pelargonium hortorum

[别名] 石蜡红、入腊红、洋绣球。
[科属] 牻牛儿苗科牻牛儿苗属。
[品种] 大花天竺葵、香叶天竺葵、盾叶天竺葵、马蹄纹天竺葵、匍匐天竺葵等。

[生长习性] 耐干燥，喜温暖、湿润和阳光充足环境。

形态特征

多年生草本植物。株高40厘米以上，茎多汁肥壮，密生细毛，花呈伞形顶生，有红、淡红、橙黄、白等色，有单瓣、重瓣种。花期从10月至翌年6月，盛花期在5月前后。

栽培方法

在3月上盆，盆土可用腐熟堆肥土和园土各4份再加沙土2份混合配制，先在盆底放少量骨粉。栽后放置在室外稍有荫蔽处培养，浇水不宜过多，水多易引起叶子变黄或枝叶徒长，反而开花不好。

繁殖方法

扦插：以春、秋季为好。选取顶端嫩枝，长10厘米，切口要干燥数日，然后插于露地苗床或苗盆中，14～16天生根。

播种：春秋季都可进行，播后5～21天发芽。

病虫害防治

灰霉病：可用1%波尔多液或75%百菌清500倍液喷洒。

菌核病：用50%托布津500倍液，每隔10天左右喷一次，连续喷2～3次。

红蜘蛛、粉虱：用40%氧化乐果乳油1000倍液喷杀。

[应用] 适用公共场所、花坛中心广场、展览场地摆放，花和叶可提炼精油，有药用价值。

[注意事项] 怕水湿和高温。

孔雀草

39·Tagetes patula

[**别名**] 红黄草、小万寿菊。
[**科属**] 菊科万寿菊属。
[**品种**] 曙光、富源、少年、迪斯科、索菲娅等。

[**生长习性**] 较耐寒、耐干旱也耐半阴，宜疏松、肥沃和排水良好的沙壤土。

形态特征

一年生草本。株高 30 ~ 45 厘米，分枝多。叶有刺激气味，头状花序单生，花径约 4 厘米；舌状花金黄色或橙红色，带红色斑，有重瓣品种。花期 7 ~ 9 月。

栽培方法

具 5 ~ 7 片时定植于 10 厘米盆。生长期间可进行多次摘心，使多分枝，多开花。开花前增施 1 次磷、钾肥。

繁殖方法

播种：通常 4 月下旬盆播，播后 7 ~ 9 天发芽。

扦插：在 6 ~ 7 月取长约 10 厘米的嫩枝直接盆插，浇水、遮阴，生根迅速。

病虫害防治

叶斑病、锈病：用等量式波尔多液喷洒防治。

红蜘蛛、叶蝉可用 50% 马拉松乳油 2000 倍液喷杀。

[**应用**] 是家庭养花中极受欢迎的一种草花。
[**注意事项**] 怕水湿。

千日红

40·Gomphrena globosa

[别名] 火球花。

[科属] 苋科千日红属。

[品种] 双色玫瑰、草莓田、千日白、千日粉。

[生长习性] 喜温暖、干燥和阳光充足环境。

形态特征

一年生草本。株高 60 厘米，全株具毛。叶对生，头状花序球形，1 个或 2 ~ 3 个，花小，紫红色，花期 7 ~ 9 月。

栽培方法

幼苗有 3 对真叶时定植于 10 厘米盆，肥沃、疏松和排水良好的沙壤土作培养土，定植后需遮阳 2 ~ 3 天，生长期可摘心 1 次，促发侧枝，开花更多。每月施肥 1 次，花前增施 1 次磷肥。

繁殖方法

播种：3 ~ 4 月春播或 9 ~ 10 月秋播，播种前用冷水浸种 1 ~ 2 天催芽。拌以草木灰以便播种。播后 15 ~ 20 天发芽。

病虫害防治

叶斑病和病毒病：可用 10% 抗菌剂 401 醋酸溶液 1000 倍液喷洒。

叶蝉：用 50% 马拉硫磷乳油 2000 倍液喷杀。

[应用] 盆栽适用于公共场所成片、成带摆放，花可入药。

[注意事项] 不耐寒，怕霜雪。

一枝黄花

41·Solidago canadensis

[别名] 加拿大一枝黄花。

[科属] 菊科一枝黄花属。

[品种] 有高茎一枝黄花、芳香一枝黄花、美丽一枝黄花。

[生长习性] 耐寒、耐干旱和半阴，宜肥沃和排水良好的沙壤土。

形态特征

多年生宿根草本。株高 1～2 米，叶披针形。由许多细小的金黄色花朵组成一个硕大的圆锥状花序，十分美丽。

栽培方法

播种苗需间苗 1～2 次后进行盆栽，苗高 20～25 厘米时摘心，促使分枝。生长期每半月施肥 1 次，秋季花前增施 1～2 次磷、钾肥。株高 50 厘米时设置网架，防止花序倒伏。

繁殖方法

播种：春、秋季均可，发芽适温 16～18℃，播后 10～15 天发芽。

分株：春、秋季进行，每个新株需带 2～3 个新芽，每 2～3 年分株 1 次。

病虫害防治

锈病、疮痂病：可用 50% 萎锈灵可湿性粉剂 2000 倍液喷洒。

网蝽、卷叶蛾：可用 10% 除虫精乳油 3000 倍液喷杀。

[应用] 主要作切花材料。

[注意事项] 怕积水。

夏堇

42·Torenia fournieri

[**别名**] 蓝猪耳。

[**科属**] 蓝猪耳玄参科蝴蝶草属。

[**品种**] 丑角、福马拉、蓝熊猫、黄花夏堇。

[**生长习性**] 喜高温、耐炎热。在阳光充足、适度肥沃湿润的土壤上开花繁茂。

形态特征

一年生花卉。株高 15 ~ 30 厘米，花腋生或顶生总状花序，花色有紫青色、桃红色、兰紫、深桃红色及紫色等，花期 7 ~ 10 月。

栽培方法

栽培前需要施用有机肥做基肥，幼苗具 2 ~ 3 片叶时移栽 6 厘米盆，苗高 7 ~ 8 厘米时定植于 10 厘米盆。植株高 15 厘米时进行摘心，促进分株。生长期每半月施肥 1 次，夏、秋花期增施 1 ~ 2 次磷、钾肥。

繁殖方法

播种：4 月春播，播后不需覆土，播后 7 ~ 14 天发芽。

扦插：夏秋季进行，剪取顶端嫩枝，长 12 厘米，插入沙床，15 ~ 20 天生根。

病虫害防治

叶斑病：用等量式波尔多液喷洒。

蚜虫：用 2.5% 鱼藤精乳油 1000 倍液喷杀。

[**应用**] 摆设居室阳台、窗台和案头。

[**注意事项**] 不耐寒和霜冻。

米兰

43·Aglaia odorata

[**别名**] 米仔兰、树兰、碎米兰、鱼子兰、木珠兰、兰花木、四季米兰、赛兰香等。

[**科属**] 楝科米仔兰属。

[**品种**] 大叶米兰、四季米兰。

[**生长习性**] 喜温暖、湿润和阳光充足环境。宜肥沃、疏松的微酸性壤土。

形态特征

常绿灌木或小乔木。树冠整齐，高可达 4 ~ 5 米，分枝多而密，花期长，在北方 6 ~ 10 月陆续开花，花黄色，香气浓郁。

栽培方法

要用肥沃微酸性沙质壤土，盆底必须做好排水层。盆栽米兰幼苗注意遮阳，切忌强光暴晒，待幼苗长出新叶后，每半月施肥 1 次，盆土不宜过湿，这样米兰不仅开花次数多，香气更加浓。

繁殖方法

高空压条：5 ~ 9 月均可进行，选一年生木质化健壮枝条，在基部 15 厘米左右作环状剥皮，环宽 0.5 ~ 1 厘米，用苔藓或湿土敷于环剥处，再用塑料薄膜将其扎紧包好，经常保持湿润，约经 2 个月左右可生根。

病虫害防治

叶斑病：用 70% 甲基托布津可湿性粉剂 1000 倍液喷洒。

炭疽病：用 75% 百菌清 500 ~ 800 倍液喷洒 2 ~ 3 次，隔 10 ~ 15 天喷 1 次。

蚜虫：用 40% 氧化乐果乳油 1000 倍液喷杀。

介壳虫：用敌敌畏乳剂 1500 倍液喷洒。

[**应用**] 观赏用，花可作茶叶香料或提取芳香油，木材可供雕刻及制作家具。

[**注意事项**] 不耐强光暴晒和水湿。不耐寒，冬季温度不得低于 10℃。

茉莉

44·Jasminum sambac

[**别名**] 阿拉伯素馨、茉莉花、抹历、玉麝、夜来香。
[**科属**] 木犀科茉莉花属。
[**品种**] 栀子素馨、阿拉伯素馨、毛茉莉、大花茉莉等。

[**生长习性**] 喜温暖、湿润和阳光充足环境。宜肥沃、疏松的酸性沙壤土。

形态特征

常绿灌木。盆栽株高约70厘米左右，花几朵簇生于枝顶，白色有香气，多在晚间开放。茉莉的花期一般分为三期：每一期在6月份，俗称"霉花"。第二期在7～8月间，俗称"伏花"。第三期是9～10月间，俗称"秋花"。

栽培方法

培养土以腐叶土20%、草木灰20%、沙或黄泥土60%混合，再加骨粉、饼肥、粪肥作基肥，栽种后放于阳光充足、通风的地方，浇一次透水。

繁殖方法

分株法：选择发育好、生长旺、枝条多的茉莉，将植株根部劈开，每株有5个枝条，栽在疏松、肥沃的土壤里，放在背阴处，约半个月后，萌发新芽。

扦插：扦插时间可以从4～10月。

病虫害防治

炭疽病：发病时可喷75%百菌清800倍液。

白绢病：用70%甲基托布津1000倍液灌根。

茉莉叶螟：采花之后用90%敌百虫倍液喷雾，具有良好的防治效果。

[**应用**] 是适宜家庭盆栽的香花植物，花可提取香精或熏茶，根叶供药用，其根可作骨科的麻醉药。

[**注意事项**] 不耐寒，怕干旱，不耐阴，怕水湿。

姬凤梨
45·*Cryptanthus acaulis*

[别名] 紫锦凤梨、锦纹凤梨、绒叶小凤梨、小凤梨和迷你凤梨。
[科属] 凤梨科姬凤梨属。
[品种] 虎斑姬凤梨、三色姬凤梨、异叶姬凤梨。

[生长习性] 喜气温高、湿度大的环境，应保持 60% ~ 70% 的空气湿度。

形态特征

多年生常绿草本。莲座叶丛生平铺地面，叶质硬、椭圆状披针形，叶缘波状具皮刺，绿色，背向有银白色鳞片，花白色，聚成近无柄的花序，隐于莲座叶丛中。

栽培方法

盆栽：基质用苔藓、蕨根，可用较小的浅盆或作盆景材料种植。放在光线较明亮处，夏季需充分灌水，生长期每半月施 1 次氮素液肥，冬季移入室内。

水培养护：茎基部会萌生侧芽，侧芽长至一定大小时，可从老株上切下进行水培。也可用盆栽植株洗根水培，但生根速度较慢，约需 1 个多月的时间，而且根系较少。

繁殖方法

分株：当姬凤梨开花后，会从植株基部萌生小株，在 5 ~ 9 月间待小株长成一定大小时，用手将小株剥离母株后种植。

播种：姬凤梨必须进行人工授粉后才能结实，播种在 4 月进行，将种子播于盆中后用切细的水苔覆盖保湿，约在 3 周后发芽。

病虫害防治

叶斑病：用 50% 托布津可湿性粉剂 200 倍液喷洒。

粉虱：可用 40% 氧化乐果乳油 1000 倍液喷杀。

[应用] 作为室内案头小品，放于书桌、床头、茶几上，是迷你花园及瓶园中的宠物。
[注意事项] 忌强光直射。冬季低于 10℃ 时，容易受害。

凤梨

46·Eucomis undulata

[别名] 波罗兰。

[科属] 凤梨科波罗兰属。

[品种] 双色凤梨花、洒金凤梨花、高贵凤梨花。

[生长习性] 喜温暖、湿润和阳光充足环境。

[应用] 室内装饰观赏。

[注意事项] 不耐寒，怕干旱和积水。

形态特征

株高 75 ~ 80 厘米，鳞茎，叶基生，长圆形，边缘皱波状。花淡绿色，花径 2.5 厘米，密集成 10 厘米长花序。

栽培方法

盆栽土要求疏松、肥沃，鳞茎栽植后，盆土保持稍湿润，待萌芽后长出叶片，喷水增加空气湿度，生长期每半月施肥 1 次，夏季强光直射时适当遮阳。

繁殖方法

分株：9 ~ 10 月秋季从母鳞茎旁分出小鳞茎直接盆栽。

播种：春季盆播，播后 25 ~ 35 天发芽。

病虫害防治

灰霉病：用 65% 代森锌可湿性粉剂 500 倍液喷洒。

锈病：用 2.5% 萎锈灵乳油 400 倍液喷洒。

粉虱：用 40% 氧化乐果乳油 1000 倍液喷杀。

一品红

47·Euphorbia pulcherrima

[别名] 圣诞红、圣诞花、墨西哥红叶、猩猩木、象牙红。
[科属] 大戟科大戟属。
[品种] 一品白、一品粉、一品黄、深红一品红、纹状一品红等。

[生长习性] 喜温暖湿润和阳光充足环境。

形态特征

常绿灌木植物。茎直立，叶互生，卵状椭圆形，下部叶为绿色，上部叶苞片状，临冬季节其娇艳的红色苞片，特别诱人。花序顶生。

栽培方法

基质以泥炭为主，加上蛭石或陶粒或沙混合而成，在盆底加上一层碎瓦片，栽种后放阴凉处，并控制浇水，10天后移到阳光充足处培养并酌情浇水。

繁殖方法

扦插：扦插时间5月下旬至6月上旬，嫩枝扦插应选母株上当年生或一二年生健壮和无病虫的枝条，长5～10厘米，上留2～4片剪去2/3的叶子，芽眼3～4个，切口涂上草木灰或硫磺，插后20天可生根。

病虫害防治

灰霉病：发病可用65%代森锰锌800倍防治。
白粉病：可用70%甲基托布津1000倍或15%粉锈宁1000倍液防治。
红痂病：可用50%多菌灵700倍防治。

[应用] 盆栽布置宾馆大堂、车站接待室、空港候机厅、商厦精品屋和家庭居室、客厅处，一品红还是冬季重要的切花材料。

[注意事项] 不耐寒、怕霜冻，不耐强光暴晒。

富贵竹

48·*Dracaena sanderiana var. viescens*

[别名] 万寿竹、仙达龙血树、绿叶仙达龙血树。
[科属] 百合科龙血树属。
[品种] 金边富贵竹、银边富贵竹。

[生长习性] 喜高温多湿，越冬温度应保持在10℃以上。

形态特征

地下无根茎，根为黄褐色，植株细长直立，不分枝。叶长披针形，长10～20厘米，宽2～3厘米，浓绿色，叶柄鞘状。

栽培方法

盆栽：可用米糠和腐叶土，加少量干鸡粪肥作培养土。每盆栽3～6株为宜，每20～25天施1次氮、磷、钾复合肥。生长季节保持盆土湿润，每天光照3～4小时，以保持叶色鲜明。

水养：每年的4～9月，入瓶前要将插条基部叶片剪去，并将基部用利刀切成斜口，切口要平滑，以利吸收水分和养分。每3～4天换1次清水，1天内不要移动位置或改变方向，约15天左右即可长出银白色须根。生根后不宜换水，水分蒸发减少后只能及时加水。水养富贵竹为防止其徒长，不要施化肥，最好每隔3周左右向瓶内注入几滴白兰地酒，加少量营养液，即能使叶片保持翠绿。

繁殖方法

分蘖：早春或晚秋取笋或幼苗种植盆中，浇足定根水，遮阴20天生根，春夏笋芽出土，每竹出笋数株。

扦插：用顶枝或侧芽顶穗剪成15～20厘米的插条，埋入土中2节，每天喷水1次，35～45天生根。

病虫害防治

叶斑病、茎腐病和根腐病：可用等量式波尔多液喷洒。

蓟马和介壳虫：用50％氧化乐果乳油1000倍液喷杀。

[应用] 用于布置书房、客厅、卧室，可置于案头、茶几和台面上。台湾、香港的商人，用富贵竹制成的宝塔，作为礼品赠送，代表吉祥、富贵、发财、恭喜之意。

[注意事项] 夏天忌阳光直射，否则会灼伤叶片。

果子蔓

49·Guzmania insignis

[**别名**] 锦叶凤梨、锦叶果子蔓。

[**科属**] 凤梨科果子蔓属。

[**品种**] 秀美果子蔓、离花果子蔓、黄苞球凤梨、林堡果子蔓等。

[**生长习性**] 喜温热、湿润和阳光充足环境。明亮的散射光对生长、开花有利。

形态特征

多年生常绿草本植物。株高 30 ～ 40 厘米，叶长带状，浅绿色，背面微红，莲座状叶筒成为贮水的"容器"，而且叶筒内若缺水还会影响果子蔓的正常生长，因此有人还称它为"水罐"植物。总苞片 15 ～ 20 枚，披针形，鲜红色。

栽培方法

盆栽好植株，保持盆土湿润，在莲座状叶筒内不可缺水，并保持水质清洁，生长期每半月施肥 1 次，花前增施 1 ～ 2 次磷、钾肥。

繁殖方法

分株：春季将母株旁生的萌芽培养至 10 ～ 12 厘米高时切割下来插于疏松的腐叶土内，待发根较多时再盆栽。

播种：必须用新鲜种子，采用室内盆播，播后 10 ～ 15 天发芽。

病虫害防治

叶斑病：可用 65% 代森锌可湿性粉剂 500 倍液喷洒。

粉虱：用 40% 氧化乐果乳油 1000 倍液喷杀。

[**应用**] 盆栽点缀窗台、阳台、客厅、小庭院、门厅、入口处。也常用于插花、景点布置和花展。

[**注意事项**] 不耐寒，冬季温度不低于 10℃，夏季忌强光暴晒。

铁兰

50·Tillandsia cyanea

[**别名**] 紫花凤梨、蓝花铁兰、紫花木柄凤梨。

[**科属**] 凤梨科铁兰属。

[**品种**] 圣诞铁兰、长苞铁兰、银叶紫凤梨、长苞铁兰、松萝铁兰等。

[**生长习性**] 喜温热、多湿和半阴环境，耐干旱。宜肥沃、疏松的腐叶土或泥炭土。

形态特征

叶片簇生成莲座状，浓绿色，花葶短，从叶丛中抽出，花苞二列对生互叠，淡紫红色，从苞片中开出深紫红小花。

栽培方法

盆栽后，需用喷淋浇水，保持盆土稍湿润，以空气湿度60%最好。

繁殖方法

分株：春季花后进行，切下母株长出带根的子株，可直接盆栽。

播种：5～6月进行。发芽适温20～25℃，播后15～20天发芽。

病虫害防治

叶斑病：用50%托布津可湿性粉剂500倍液喷洒。

红蜘蛛：用40%氧化乐果乳油1500倍液喷杀。

[应用] 扁平的苞片，紫红的小花，是一种花叶俱美的盆栽观赏植物。

【注意事项】不耐寒，怕阳光直射。

常春藤

51·Hedera helix

[**别名**] 长春藤、中华常春藤、洋常春藤、旋春藤、洋爬山虎。

[**科属**] 五加科常春藤属。

[**品种**] 花叶常春藤、星状常春藤、网脉常春藤、斑纹常春藤、金心常春藤、花边常春藤等。

[**生长习性**] 喜温暖气候，较耐阴，生长适温为 20 ~ 25℃。

形态特征

常绿藤本植物。高可达 10 米左右，叶互生，着生于营养枝上，花小，花冠呈紫色，有芳香，与叶同时开放。花期 9 ~ 10 月。

栽培方法

盆栽时每盆栽 3 株苗，幼苗需带土球。定植后要加以修剪短截，促进分枝。日常管理要注意常浇水，保持土壤湿润。盆栽可以垂盆悬挂，也可绑扎支架让其攀援生长。

繁殖方法

扦插：可用营养枝于 3 ~ 4 月进行，插穗长 15 厘米左右，上端留 2 ~ 3 叶片，插于以沙壤土为基质的苗床上，插深 1/3 ~ 1/2，插后约 20 天可生根。

压条：将嫩枝压入土中，随植株生长，逐渐生根。

嫁接：以常春藤为砧木，用劈接法嫁接。室温为 13 ~ 15℃，易成活。

病虫害防治

叶斑病：可用波尔多液喷洒。

圆盾蚧：用 40%速扑杀乳油 1500 倍防治。

[**应用**] 是垂直绿化重要材料之一，也是极好的地被植物。茎、叶、果实都可入药。

[**注意事项**] 夏季气温超过 30℃，茎叶则停止生长。

旱伞草

52·_Cyperus alternifolius_

[**别名**] 伞草、风车草、水竹、水棕竹。
[**科属**] 莎草科莎草属。
[**品种**] 矮伞草、花叶风车草、条纹风车草、埃及纸莎草。

[**生长习性**] 喜温暖、湿润和阳光充足环境，耐水湿。

[**应用**] 可供盆栽或制作盆景，亦可作切花用。
[**注意事项**] 不耐寒，冬季温度不低于5℃。

形态特征

多年生常绿草本植物。株高约60～100厘米，茎秆三棱形，无分枝。叶顶生，大而窄，扩散成伞状。花小，淡紫色，花期6～7月。

栽培方法

盆栽：选用含腐殖质丰富，保水力强的黏性土壤。生长期间每15～20天施1次稀薄饼肥水或以氮肥为主的花肥，并经常保持盆土湿润。保持较高的空气湿度，空气干燥季节和夏季高温期间应经常向植株上喷水，以使空气湿润，这样植株才能生长得更加青绿茂盛。

水培养护：种植在白、乳白或淡黄色盆内为好，洗根后水培，盆内放些小卵石将植株根部压住不致倾斜，加水以浸没根部为度，每隔5～7天换1次水，生长期间会从根际陆续长出形同小竹笋的嫩芽，并不断生长展现新的茎叶，平时除剪去老的茎秆外，还要将过密的茎秆剪去。

繁殖方法

分株：家庭繁殖伞草多采用分株法。分株时将母株从盆中脱出，用小刀将其切成数丛分别上盆。

扦插：最好在开花前进行。扦插时从健壮茎秆顶端约3～5厘米处剪断，剪去部分总苞片，插入沙土中，保持沙土湿度，放通风荫蔽处，经20～30天即可生根并长出新叶。

病虫害防治

叶枯病：可用50%托布津1000倍液喷洒。
红蜘蛛：用40%乐果乳油1500倍液喷杀。

景天

53·Sedum margonianum E.walth

[别名] 串珠草、玉串驴尾、翡翠景天。

[科属] 景天科景天属。

[品种] 耳坠草、珍珠掌、伯利特景天、小松绿等。

[生长习性] 喜温暖、干燥和阳光充足环境。

形态特征

多年生肉质草本。分枝多，匍匐性。叶长圆状披针形，浅绿色，肉质，密集生长在细茎上成穗状向下弯曲。花深紫红色。

栽培方法

盆栽可用沙壤土栽植，盆土保持稍干燥，在阳光充足和散射光下生长快，夏季高温期呈半休眠状态。

繁殖方法

扦插：以茎叶生长期扦插最好。剪取5～10厘米长茎叶插入沙床，或用肉质小叶，撒落在湿沙上，插后30～40天生根。

病虫害防治

白绢病：可用50%托布津可湿性粉剂500倍液喷洒。

蚜虫：可用2.5%鱼藤精乳油1000倍液喷杀。

[应用] 适合小盆摆放在案头、茶几上欣赏。成株可采用吊盆、吊篮栽植。

[注意事项] 不耐寒，怕强光暴晒，不耐水湿。

绿巨人

54·Spathiphyllum spp.

[别名] 绿巨人白掌、一帆风顺、大叶白掌、巨苞白鹤芋。
[科属] 天南星科苞叶芋属。
[品种] 花苞叶芋、大银苞芋、和平芋。

[生长习性] 喜温暖湿润及半阴的微酸性土壤。

形态特征

茎短而粗壮，叶阔椭圆形，深绿色有光，叶长 40～50 厘米，宽 20～25 厘米。佛焰苞序如长勺状，洁白后转绿。

栽培方法

盆土用腐叶土、腐熟锯末、细河沙、珍珠岩混合而成，上盆时先填入碎瓦片，加少量骨粉，畜禽粪干或饼肥。生长季节，每月追施 1～2 次液肥或有机氮肥，夏季每天浇水 1～2 次，春秋季 1～2 天浇 1 次，还要经常喷水，既洗去叶面灰尘，又增加空气湿度。

水培养护：洗根水培后，可直接在老的根系上继续萌发新根生长。

繁殖方法

分株：老熟株可分蘖 3～5 个芽，当新芽长至 15～20 厘米高时，分切下来插于珍珠岩或粗沙中，切口用硫磺粉消毒防腐，10 天左右可生不定根。

病虫害防治

褐斑病与腐烂病：可用 1000 倍敌力脱控制病情，用百菌清预防。

斜纹夜蛾、绿蜻象：为害嫩心，可用 1000 倍兴棉宝防治。

[应用] 叶绿花白，适合盆栽观赏，花是极好的花篮和插花的装饰材料。

[注意事项] 怕长期雨湿，如长期在阴雨下极易烂根，叶基发黑而枯死，亦不能在阴暗的室内长期摆放，要有一定的散射光。

绿萝

55·Scindapsus aureus

[别名] 黄金葛、魔鬼藤、石柑子。
[科属] 天南星科绿萝属。
[品种] 白金葛、银点白金葛。

[生长习性] 喜温暖、湿润和半阴环境。

形态特征

常绿大型攀援藤本植物。茎长达十多米，多分枝，室内盆栽条件下，茎干纤细，叶片长约 10 厘米，叶心脏形，绿色，叶面具鲜明黄色斑块或条纹。

栽培方法

盆栽：基质以疏松、富含机质的微酸性沙壤土为宜，可用腐叶土 70%，红壤土 20%，饼肥或骨粉 10% 混合沤制。在室内应放在明亮直射光很少的地方，盆土以湿润为度，发现盆土发白时，要浇透水。

水培：可用水插法与盆栽洗根法，水插后 20 天左右可萌生新根，在生长期间经常向叶面喷水。

繁殖方法

扦插：可将茎蔓切成 20 厘米一段，插入沙床或用水苔包扎，插后 30 ~ 40 天生根并萌发新芽。也可用水插繁殖，25 ~ 30 天可生根。

病虫害防治

根腐病：可施用 3% 呋喃丹颗粒剂防治线虫，减少病害。

叶斑病：用 70% 代森锌可湿性粉剂 500 倍液喷杀。

[应用] 可作柱式或挂壁式栽培。
[注意事项] 不耐寒，怕强光直射，不耐干燥。绿萝对越冬温度要求较高，应在越冬时加温保暖。

苏铁

56·Cycas revoluta

[别名] 铁树、避耀蕉、凤尾松、凤尾蕉。
[科属] 苏铁科苏铁属。
[品种] 宽叶苏铁、澳洲苏铁、蕨叶苏铁、华南苏铁等。

[生长习性] 喜温暖、湿润和阳光充足环境。

形态特征

常绿棕榈状木本植物。茎圆柱形，粗壮，坚硬。叶大，羽状全裂簇生于茎顶，深绿色。花单生，着生于顶端，雌雄异株，雄花呈圆柱状，雌蕊的大孢子叶肉质羽扇状，黄褐色。

栽培方法

盆栽苏铁可用腐叶土3份、园土6份、砻糠灰1份混合作培养土，盆宜稍大些，盆底要多垫瓦片，以利排水。栽时不宜太深，浇水也不宜太多，保持盆土湿润即可。栽后若发现茎顶中心发黑，说明苗已死亡；如有黄色绒苔出现，说明将要萌叶。

[应用] 是常见在公共场所摆放的大型盆栽观叶植物，花、叶、种子均可入药。

[注意事项] 不耐干旱和积水。

繁殖方法

播种：5～6月进行，采用室内盆播，种子用温水浸泡两天后再播种，播种14～21天发芽。

分株：早春换盆时将母株旁生子株掰下切割时少伤茎皮，切口干燥后，栽植于粗沙中，生根后盆栽。

扦插：将茎干横切2～3厘米厚，凉干后平放沙床上，25～30天后以茎块周围萌发出新的吸芽，待吸芽长大后切下扦插繁殖。

病虫害防治

白斑病、煤污病：可用多菌灵50%可湿性粉剂或托布津70%可湿性粉剂兑水1000倍，在清晨给病株喷雾。

介壳虫：用40%氧化乐果乳油1000倍液喷杀。

香龙血树

57·Dracaena fragrans

[**别名**] 巴西铁树、巴西铁、巴西木、香千年木、巴西木、巴西千年木。
[**科属**] 龙舌兰科龙血树属。
[**品种**] 海南龙血树、德利龙血树、银星龙血树、虎斑龙血树。

[**生长习性**] 喜温暖湿润、光照充足的环境，耐阴性较强。

形态特征

常绿乔木。香龙血树因其切口能分泌出一种有色的汁液，即所谓"龙血"而得名。叶簇生于茎顶，弯成弓形，叶缘呈波状起伏，鲜绿色有光。花黄白色，芳香。

栽培方法

盆土可用腐叶土、泥炭加 1/4 河沙或珍珠岩和少量基肥配成培养土，盆的直径 15 ～ 20 厘米，3 个茎干的用 25 厘米盆，花盆底孔应用凸面向上的瓦片垫好。盆中浇水要见干见湿，一般在盆表土 3 厘米深已干燥再浇水。

繁殖方法

枝插：对于多年栽培后的茎干剪下的枝条除顶尖作扦插外，当年生或多年生的茎干剪成 5 ～ 10 厘米一段，以直立或平卧方式扦插在粗沙或蛭石为基质的插床上，3 ～ 4 周可生根生芽。

水插：切取 7 ～ 10 厘米长的粗壮茎干，放在 2 ～ 3 厘米深的水盘中，很快会长出新根与新芽。

病虫害防治

叶斑病和炭疽病：用 70% 甲基托布津可湿性粉剂 1000 倍液喷洒。

红蜘蛛：可用 50％ 阿波罗悬乳剂 4000 ～ 5000 倍防治。

蓟马：可用 50% 杀螟松乳剂 1000 倍防治。

[**应用**] 是优良的观赏植物，可点缀装饰门庭、客厅、卧室、会场、宾馆。

[**注意事项**] 忌强光直射，夏季要遮阴，盆土积水会烂根。

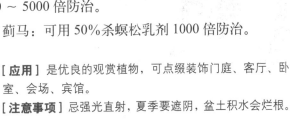

虎尾兰

58·Sansevieria trifasciata

[别名] 虎皮兰、虎草兰、千岁兰、锦兰。
[科属] 百合科虎尾兰属。
[品种] 金边虎尾兰、密叶虎尾兰、金叶虎尾兰、黄短叶虎尾兰等。

[生长习性] 喜温暖、干燥和阳光充足环境，生长适温为 15～25℃。

形态特征

多年生肉质草本。叶从地下茎生出，丛生，直立，线状倒披针形，花白色，花轴高于叶片，数朵成束。

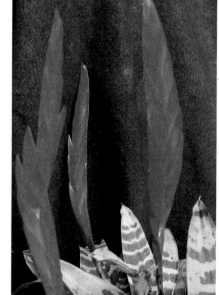

栽培方法

盆栽：刚盆栽好的植株，浇水不宜过多，夏季稍加遮阳，若常喷水叶片则鲜嫩翠绿。梅雨季节要适当控制浇水。冬季放室内栽培，阳光充足可继续生长。

水培养护：虎尾兰可用株形合适的植株洗根后水培，洗根水培时，应将根系修去 1/3～1/2，可促进早发新根。

繁殖方法

分株：把植株从盆中脱出，将根状茎与须根整理后，用利刀将母株与子株间的根状茎割离，以使分割的子株带有一定数量的根系。子株分割种植后要置于室内半阴处，控制浇水，以免导致切口腐烂，待新叶长出后才能转入正常的养护。

扦插：可在 5～6 月或 8～9 月进行，选取健壮叶片，剪成 5 厘米长，插入沙床，露出一半，保持湿润，插后 30～40 天生根。

病虫害防治

炭疽病、叶斑病：用 70% 甲基托布津可湿性粉剂 1000 倍液喷洒。

象鼻虫：用 50% 杀螟松乳油 1000 倍液喷杀。

[应用] 装饰窗台、茶几、书桌。
[注意事项] 不耐寒，怕强光暴晒，忌积水。

吊兰

59·Chlorphytum capense

[**别名**] 折鹤草、挂兰、钓兰、空中植物。
[**科属**] 百合科多年生常绿草本
[**品种**] 金心吊兰、银边吊兰、金边吊兰、宽叶吊兰、狭叶吊兰。

[**生长习性**] 喜温暖、湿润和半阴环境，宜肥沃、疏松和排水良好的壤土。

形态特征

根茎短，肉质，叶细长，条状披针形，基部抱茎，鲜绿色，叶腋中抽出匍匐枝，弯垂，并长出带气生根的子株，花从叶腋抽出，总状花序，数朵一簇，白色，6～8月开花。

栽培方法

春季3～4月翻盆换土，先置于阴处，复苏后常放于阳台或其他合适的地方。生长期10天左右施1次液肥，冬季可每月施1次液肥。春、秋宜半阴，夏季早晚见光，中午避强光直射，冬季多见阳光。

繁殖方法

分株：在3～4月份结合换盆进行，将过密根茎瓣开，直接盆栽，10厘米盆以栽3株为宜。也可从花葶上剪取带气生根的幼株直接上盆。

剪苗埋插：在夏、秋季将吊兰细长匍匐状的茎端小苗从枝条上剪下，分栽在盆内即可。

病虫害防治

灰霉病、白粉病：可用50%多菌灵可湿性粉剂500倍液喷洒。

粉虱：用25%亚胺硫磷乳油1000倍液喷杀。

[**应用**] 是室内最常见的盆栽观叶植物，全草可药用。
[**注意事项**] 不耐寒，叶片对光照反应特别灵敏，夏季怕强光。

文竹

60·Asparagus plumosus

[**别名**] 云片竹、刺天冬。
[**科属**] 百合科天冬门属。
[**品种**] 宽叶文竹、曲蔓天冬、矮生文竹、武竹、细叶文竹等。

[**生长习性**] 喜温暖湿润和半阴环境。

形态特征

多年生蔓生草本植物。以叶形纤细秀丽，叶色碧绿著称。枝叶重叠似云霞，枝干挺拔如龙竹。叶形枝细小，鲜绿色，密生如羽毛状。秋季从羽毛状细枝上开白色的小花。

栽培方法

用腐殖土、泥炭和细沙加少量厩肥配成，盆底加骨粉或蹄角片。浇水是文竹栽培成败的关键，浇水过多，盆土过湿会烂根，浇水太少，盆土长期干旱，叶尖易发黄，浇水次数和数量要看天、看长势。平日浇水以浇入盆中的水，在 2 ~ 5 分钟内透入土中，底孔有水流出为度，不干不浇，浇必浇透。

繁殖方法

播种：采用室内盆播，播时用温水浸种一昼夜，点播覆土不宜过深，播后 2 ~ 3 周发芽。

分株：植株挖出后，分成几丛，注意不要伤根太多，栽后要浇透水，置于阴处，复苏后移于阳光处。

病虫害防治

灰霉病和叶枯病：发病初期可用 50% 托布津可湿性粉剂 1000 倍液喷洒。

介壳虫和蚜虫：可用 40% 氧化乐果乳油 1000 倍液喷杀。

[**应用**] 盆栽摆放茶几、书桌和窗台，特别清新悦目。地下茎可供药用。
[**注意事项**] 怕强光暴晒和干旱，忌积水。

孔雀竹芋

61·Maranta Makoyana

[别名] 蓝花蕉、五色葛郁金。
[科属] 竹芋科竹芋属。
[品种] 孔雀竹芋。

[生长习性] 喜高温多湿及半阴环境，耐阴性强，喜疏松肥沃土壤。

形态特征

多年生草本。叶簇生，叶柄长约 1.5 厘米，叶片宽卵形，长约 20 厘米，上面黄绿色，具 5 条线形和大小不等的卵形深绿色斑纹，犹如孔雀开屏羽。

栽培方法

栽植容器宜选大口浅盆，盆土以选用腐叶土 6 份、园土、沙土各 2 份混匀配制的培养土为佳。保持盆土湿润，生长旺季，每 2 周施稀薄腐熟饼肥水 1 次，其他时间慎施肥。

繁殖方法

分株：每年 4 月以后，用消毒利刃将其按 3 ~ 4 个芽为一株，分切成若干株，切后迅速用木炭粉涂抹切口，每 3 ~ 5 株栽于一只盆中，浇透水，置于阴凉处，一周后转入正常管理。

病虫害防治

叶斑病：用 50% 的代森锰锌 500 倍液至 600 倍液，每隔 7 ~ 10 天一次。

[应用] 纤秀迷人，花纹多变，色彩斑斓，是高档观叶植物。
[注意事项] 冬季低于 10℃ 时，叶片会卷起。

袖珍椰子

62·Collnia elegans

[别名] 矮生椰子、袖珍棕、袖珍椰子葵。
[科属] 棕榈科袖珍椰子属。
[品种] 禾叶椰子、匍匐椰子、夏威夷椰子、大叶矮棕等。

[生长习性] 喜温暖、湿润和半阴环境。

形态特征

多年生常绿小灌木。株高 1～3 米，茎干细长，直立，不分枝，单生，深绿色，具不规则环纹，小叶 20～40 枚，裂片披针形，深绿色。雌雄异株，肉穗花序腋生，春季开花，黄色如粟米状。

栽培方法

盆栽：盆土用腐叶土、园土、少量河沙拌合，花盆宜用白色直筒形塑料盆，室内摆放东窗、北窗及其他有散射光的地方均可，生长季节每天浇水 2 次，春、秋两季，各浇 3～4 次稀薄肥水即可。

水培养护：采用盆栽洗根法。水洗后数天可发出新根。

繁殖方法

播种：宜在气温稳定在 24～26℃时进行。播种前先用 35～40℃的温水浸泡种子 36 小时催芽，播于沙质培养土中，保持基质湿润。约 1 个半月左右，种子发芽。

病虫害防治

褐斑病和灰斑病：可用 70%甲基托布津可湿性粉剂 1000 倍液喷洒。

介壳虫和蚜虫：可用 40%氧化乐果乳油 1000 倍液喷杀。

[应用] 常用于点缀卧室、楼梯转角处，装饰窗台或书桌，有"桌上椰树"之称。
[注意事项] 不耐寒，怕强光直射。

彩叶草

63·Coleus blumei

[**别名**] 洋紫苏、锦紫苏、五色草。
[**科属**] 唇形科鞘蕊花属。
[**品种**] 彩叶型、大叶型、皱边型、柳叶型、黄绿叶型。

[**生长习性**] 喜温暖和阳光充足环境。

形态特征

多年生观叶草本。单株高 30 ~ 60 厘米，叶对生，表面粗糙，边缘有锯齿，叶色五彩缤纷，有红、紫、黄、绿、白等色相嵌。花小，白色带淡兰色，夏秋开花。

栽培方法

盆栽：土壤需疏松、肥沃，播种苗 80 ~ 85 天用 10 厘米盆定植。

水培养护：夏季应避开直射阳光，阳光强烈会使叶色暗淡而失去光泽。彩叶草生长迅速，在生长至定高度时应进行摘心。

繁殖方法

播种：春秋均可进行。在 20 ~ 25℃气温条件下，将种子撒播于沙盆或整理好的苗床中，喷水保湿，约 1 周后就能发芽。

扦插：在 5 ~ 6 月进行，剪取嫩枝长约 10 厘米，去掉下部叶片，插入疏松沙质基质中，在温度 20℃左右条件下，1 周后即能生根。

水插：可剪取枝条插于水中，数天后便可发根。

病虫害防治

猝倒病：幼苗期易发生，应注意播种盆土的消毒。

叶斑病：用 50%托布津可湿性粉剂 500 倍液喷洒。

介壳虫、红蜘蛛和粉虱：可用 40%氧化乐果乳油 1000 倍液喷杀。

[**应用**] 是目前常见的室内观叶植物。
[**注意事项**] 耐寒性较差，在 10℃以上才能安全越冬，5℃以下时会枯死。

一叶兰

64·Aspidstra elatior

[别名] 蜘蛛抱蛋、苞米兰、大叶青。
[科属] 百合科蜘蛛抱蛋属。
[品种] 洒金一叶兰、白纹蜘蛛抱蛋、丛生蜘蛛抱蛋。

[生长习性] 喜温暖、湿润和半阴环境。

形态特征

多年生常绿草本植物。根茎粗壮，匍匐于地下。叶单生，长椭圆形，深绿色。钟状花单生，初时绿色，后转紫褐色，花茎短，着生于根状茎的叶腋间，露出土面，犹如一窝蜘蛛。4～5月开花，是重要的观叶植物。

栽培方法

盆栽用腐殖质土拌塘泥或泥炭土加河沙，适量饼肥或干粪作基肥。生长期每半月或一月施1次稀薄液肥，常浇水保持盆土湿润，但不宜过湿，并对叶面进行清洗，使叶面油绿光亮。

繁殖方法

分株：将母株从盆中取出，露出根系和匍匐茎，用刀将母株切成数丛，每丛保留3～4片叶，另盆栽植，深度以地下茎在土下2厘米为宜，栽后浇水，放于避风阴凉处，常保持盆土湿润，约2个月就能萌发新叶。

病虫害防治

叶枯病和根腐病：发病初期，用50%多菌灵可湿性粉剂1000倍液喷洒防治。

[应用] 盆栽适用于宾馆、会议室和地铁绿化布置，全草或根茎入药。
[注意事项] 怕强光暴晒。

三、多肉植物种养

令箭荷花

65·Heliochia cv.Akermannii

[**别名**] 孔雀仙人掌、红孔雀。
[**科属**] 仙人掌科令箭荷花属。
[**品种**] 小花令箭荷花。

[**生长习性**] 喜温暖、湿润和半阴环境，生长适温为 15～25℃，冬季温度不得低于 10℃。

形态特征

多年生肉质花卉。茎直立，分枝多，茎扁平披针形似令箭，基部圆形，鲜绿色，边缘略带红色，有粗锯齿，锯齿间凹入部有细刺，中脉明显突起，花着生于茎先端两侧，花大色艳。花色有淡红、纯白、淡绿、淡黄、橙红、深紫和深红等。花期 5～7 月。

栽培方法

盆土要用肥沃、排水良好的沙壤土，栽种后放于向阳窗台通风处，浇水不宜多，以保持盆土略湿润为好。10～15 天应施肥 1 次，以磷钾肥为主的液肥，连续 2～3 次。

繁殖方法

扦插：从春到秋都可进行，选健壮的二年生叶状茎，剪取长 10 厘米左右为一段，晾 1～2 天，切口稍干后即可扦插，插后放半阴处，常喷水，一个月后可生根。

嫁接：用三棱箭或其他仙人掌类作砧木，选令箭荷花健壮枝作接穗，用劈接法，嫁接在三棱箭上，经几周后便能成活。

病虫害防治

茎腐病、褐斑病：可用 50% 多菌灵可湿性粉剂 1000 倍液喷洒。

根结线虫：用 80% 二溴氯丙烷乳油 1000 倍液浇灌。

蚜虫：可用 50% 杀螟松乳油 1000 倍液喷杀。

[**应用**] 是点缀窗台、几架、门厅等处的理想装饰材料。
[**注意事项**] 不耐寒，怕强光，不耐水湿。

十二卷

66·*Haworthiaoofasciata*

[**别名**] 锦鸡尾、锉刀花、蛇尾兰。

[**科属**] 百合科蛇尾兰属。

[**品种**] 无纹十二卷、点纹十二卷、条纹十二卷、毛汉十二卷、卷边十二卷等。

[**生长习性**] 喜温暖、干燥和阳光充足环境。

形态特征

多年生肉质草本。无茎、群生，根出叶簇生，叶片紧密轮生在茎轴上，呈莲座状。叶长三角状披针形，先端细尖呈剑形，深绿色，背面横生整齐白色瘤状物突起排列，小花绿白色。

栽培方法

盆土宜选用疏松肥沃的腐叶土和河沙，另加少量骨粉作基肥配制而成的培养土。新上盆的植株不要施肥，生长正常的植株每年春季施 2 ~ 3 次复合肥料，促使其健壮生长。

繁殖方法

分株：常以 4 ~ 5 月换盆时进行，把母株旁生的幼株剥下，直接盆栽后放荫蔽处，待新根生出后逐渐多见些阳光和适当增加浇水量。

扦插：5 ~ 6 月将肉质叶片轻轻切下，稍晾干后，插入沙床，20 ~ 25 天生根。

播种：4 ~ 5 月份为播种繁殖的适宜时期。取方形或长方形浅盆，在盆底铺上一层砾石或粗沙以利排水，上面再铺上疏松湿润的培养土，土上撒上一层细沙，并使表面平整，然后将种子均匀地撒播在盆土表面，注意保湿。播种后 10 天左右，即可发芽生长。

病虫害防治

根腐病、褐斑病：用 65%代森锌可湿性粉剂 1500 倍液喷洒。

粉虱、介壳虫：用 40%氧化乐果乳油 1000 倍液喷杀。

[**应用**] 盆栽摆放在茶几、书案、窗台上，是一种理想的小型室内盆栽观叶花卉。

[**注意事项**] 不耐寒，怕水湿，浇水过多，易引起根部腐烂。

水晶掌

67·Haworthia cymbiformis var. transluceus

[别名] 宝草、银波锦。
[科属] 百合科蛇尾兰属。
[品种] 水晶掌。

[生长习性] 喜温暖而湿润的气候，耐半阴和干旱。

形态特征

多肉植物。植株矮小，高不过 5 ～ 6 厘米。叶片翠绿色，肥厚，呈舌状，生于很短的茎轴上，紧密排列成莲座状，叶肉内充满水分呈半透明状。

栽培方法

由于其根系浅，故宜选用较小的浅盆栽植。盆土可用沙壤土或以沙土为主，加少量腐叶土。平时摆放在室内光线明亮处培养，可使叶色翠绿透明，若受到阳光暴晒，肉质叶片就会由绿色变成浅红色，叶面失去透明度，大大降低观赏价值。生长旺季一般 2 ～ 3 天浇 1 次水，以保持盆土适度湿润为好。

繁殖方法

分株：将生长过密的株丛切割或用手掰成 2 ～ 3 株，分别上盆，放较阴蔽处，保持盆土微湿即可成活。

病虫害防治

根腐病、褐斑病：用 65% 代森锌可湿性粉剂 1500 倍液喷洒。

粉虱、介壳虫：用 40% 氧化乐果乳油 1000 倍液喷杀。

[应用] 宜盆栽置于案头、茶几或玻璃橱上。
[注意事项] 不耐寒。注意浇水和施肥时都不能沾污叶片，否则易造成腐烂。

观音莲

68·Sempervivum tectorum

[别名] 长生草、观音座莲、佛座莲。
[科属] 景天科长生草属。
[品种] 盘叶莲花掌、子持莲花、美丽莲、红卷绢、石莲花。

[生长习性] 喜阳光充足和凉爽干燥的环境。

形态特征

株形端庄，具莲座状叶盘，犹如一朵盛开的莲花，叶盘直径从 3 厘米至 15 厘米都有，肉质叶匙形，叶色富于变化，紫红色的叶尖极为别致。小花呈星状，粉红色。

栽培方法

在上盆时，应在盆底垫放一层粗沙等作排水层，加强排水功能。高温干燥时，要喷水增湿，浇水掌握"不干不浇，浇则浇透"，避免长期积水，以免造成烂根，每 20 天左右施一次腐熟的稀薄液肥或低氮高磷钾的复合肥。

繁殖方法

分株：一般在 5～6 月进行，当从块茎抽出 2 片叶片就可将其分割开来，切割的伤口要涂上木炭粉等。栽下出苗后，要进行喷雾保持叶面湿润，并放在阴处过渡一段时间再移至半阴处。

病虫害防治

软腐病：用 10% 抗菌剂 401 醋酸溶液 1000 倍液喷洒。
红蜘蛛：可用 40% 氧化乐果乳油 1000 倍液喷杀。

[应用] 适合做中小型盆栽或组合盆栽，用来布置书房、客厅、卧室和办公室等处。
[注意事项] 如果光照不足会导致株形松散，不紧凑，影响其观赏。

仙人掌

69·Opuntia dillenii

[别名] 仙巴掌、霸王树、火焰、火掌、玉芙蓉、牛舌头。
[科属] 仙人掌科仙人掌属。
[品种] 黄毛掌、白毛掌。

[生长习性] 性极强健，喜阳光，较耐寒，耐干旱，耐瘠土。

形态特征

丛生植物。茎直立，老茎下部近木质化，稍圆柱形，其余均掌状，扁平，每一茎节倒卵形至椭圆形，绿色，有刺和钩毛。花单生于近分枝顶端的刺座上，鲜黄色。花期春夏间。

栽培方法

栽培仙人掌的土壤不但要含有机质，还要有良好的保水和透气性能。培养土配制的比例为壤土3份、腐殖质土3份、粗沙3份、草木灰与腐熟后的骨粉1份。上盆时施少量干粪作基肥，以后一般不再施肥，浇水也不宜过量，宁干勿湿。

繁殖方法

扦插：可在夏季选较老的茎，用刀在节间切下，放阳光下晒1～2日，再用火把切口烤焦，防止腐烂，插于装有素沙土的盆中，插后浇透水，以后3～5天浇1次，经20～30天左右即可生根。

播种：可在5～6月或9～10月进行，盆土用细黄沙或培养土，苗盆先浸水，播后放温暖而阴蔽处，经1周左右可出苗。

[应用] 地栽可以作篱，盆栽可以观茎观花。果可食。根及全株药用。

[注意事项] 休眠期禁止施用任何肥料。正在开花的品种，不要喷水除尘，否则会使花蕾败落。

病虫害防治

红蜘蛛：可用40%的三氯杀螨醇1000倍液喷洒。

蟹爪兰
70·*Zygocactus truncatus*

[**别名**] 蟹爪仙人掌、蟹爪莲、蟹爪、仙指花、圣诞仙人掌。
[**科属**] 仙人掌科蟹爪兰属。
[**品种**] 圆齿蟹爪兰、美丽蟹爪兰、红花蟹爪兰。

[**生长习性**] 喜温暖、湿润，宜半阴，较耐旱，生长适温 15～25℃，超过 30℃进入半休眠状态，开花期以 10～15℃为宜。

形态特征

多年生肉质植物。叶片退化，枝茎变态呈片状，边缘有尖齿，多分枝，节间短，每节前尾相连，形如蟹爪。冬季至早春在嫩茎的顶端开花，左右相称，花冠漏斗状，花有紫红、淡红、白色及玫瑰红色，1～2 朵，花瓣张开后反卷，浆果卵圆形，红色。

栽培方法

盆土用塘泥 2 份、堆肥 1 份、粗沙 1 份混合而成。上盆时盆底填上粗沙或碎瓦片 2～3 厘米，上放骨粉，覆上一层土后将植株栽上压实，放阴处 10 天后转入正常管理。春季出房后，每半月施 1 次饼肥水。

繁殖方法

扦插：多在春季进行，取变态茎 2～4 节，晾 1～2 天使切口稍干后扦于砂中，不能浇透水，只能浇 7 成水放在半阴处，保持微湿，20 天即可生根。

嫁接：在 4～5 月或 9～10 月，用片状仙人掌和三棱箭作砧木，取充实的蟹爪兰 3～5 节作接穗，将下部两面各削一刀，削成鸭嘴形，切面长 1.5 厘米。若以片状仙人掌作砧木，可在高 20 厘米处将片状顶端截去 2 厘米，在截面上横切一刀，深度比接穗削面略大，将接穗插入砧木中，对齐两者维管束，用大头针或竹丝插入固定，垫上一层纸，用竹夹夹紧或用薄膜条稍加绑扎，接后在阳光下晒 3 小时左右，使砧穗浆汁粘牢，1 周后如接穗仍新鲜挺立，表示已愈合，可抽出大头针，放阴处养护 1 个月。

病虫害防治

腐烂病、叶枯病：用 50%克菌丹 800 倍液喷洒。

[**应用**] 盆栽可以观茎观花。

[**注意事项**] 忌阳光暴晒，怕水涝，不耐寒。

芦荟

71·Aloe arborescens var. natalensis

[别名] 大芦荟、羊角、龙角、油葱、草芦荟、狼牙掌。

[科属] 百合科芦荟属。

[品种] 草芦荟、什锦芦荟、三角芦荟、花叶芦荟、翠叶芦荟。

[生长习性] 喜温暖和通风环境，春、夏空气宜湿润，秋、冬则略干，最适宜生长温度为 20 ～ 30℃。

形态特征

常绿草本。茎、叶肉质，肥厚多汁。叶旋生茎上，下部叶渐枯而为其上的新叶取代，上部叶伸展，绿色，线状披针形，向顶渐狭，缘具软骨质齿。花橙红色，成总状花序，高举叶上。花期多在冬春。

栽培方法

盆栽时的深度不要超过原先的深度，上盆后缓苗期间控制浇水。新上盆的植株由于盆土已施入肥料，可不施肥。

水培养护：芦荟易从母株上萌生小株，可选取合适者分株水培。30 多天后可萌发新根。

繁殖方法

分株：在 3 ～ 4 月份，先将母株从盆中挖出，然后将母株周围密生的幼株带根剪下，另盆栽植即可。

扦插：可在 5 ～ 6 月花后进行，剪取顶端短茎 10 厘米长，插入准备好的湿砂床或盆中，15 ～ 20 天左右就能生根。

病虫害防治

叶斑病：可用等量式波尔多液喷洒防治。

介壳虫、粉虱：可用 40% 氧化乐果乳油 1500 倍液喷杀。

[应用] 花、叶兼美，盆栽观赏甚佳，芦荟全草可供药用。叶汁保护皮肤。

[注意事项] 不耐寒。不要在夏天移栽，因为芦荟夏季有短暂的休眠期，会影响成活。

玉树

72·*Crassula portulacea Lam.*

[**别名**] 燕子掌、厚叶景天、肉质万年青、景天树。
[**科属**] 景天科青锁龙属。
[**品种**] 景天树、小叶燕子掌、斜叶燕子掌。

[**生长习性**] 喜温暖、干燥和阳光充足环境。

形态特征

多年生常绿多肉植物。茎有节，圆柱状，灰绿色，分枝多，小枝褐色。叶扁平肉质，对生，椭圆形，具短柄，绿色。花小，粉红色。

栽培方法

容易栽培，盆土可用沙壤土，生长期间经常保持盆土适度湿润为宜。家庭培养可常年放室内具有明亮散射光的地方。生长较快，为保持株形丰满，施肥不能太多。生长旺季全年只施 2 ~ 3 次薄肥即可。

繁殖方法

扦插：在生长季节剪取茎叶肥厚充实的顶端枝条，长 8 ~ 10 厘米，稍晾干后插入沙床中，插后保持一定湿度，插后 20 ~ 25 天生根。

播种：春、秋季均可进行，发芽适温 20 ~ 22℃，播后 15 ~ 20 天发芽。

病虫害防治

炭疽病、叶斑病：用 70% 甲基托布津可湿性粉剂 1000 倍液喷洒。

介壳虫：用 40% 氧化乐果乳油 1000 倍液喷杀。

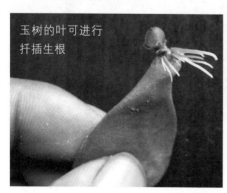

玉树的叶可进行扦插生根

[**应用**] 适用于窗台、阳台和居室点缀。也可加工成盆景，装饰茶几、书桌。
[**注意事项**] 不耐寒，怕强光，不耐水湿，若盆土排水不畅而又浇水过多就会因积水而烂根。

四、观果植物种养

五指茄
73·*Solanum mammosum*

[别名] 乳茄。
[科属] 茄科茄属。
[品种] 五指茄。

[生长习性] 喜温暖、湿润和阳光充足环境，宜肥沃、疏松和排水良好的沙质壤土。

形态特征

小灌木。株高 2 米，茎部密生白毛，有倒钩刺。叶互生，阔卵形，叶缘浅缺裂。花紫色。果实卵形，幼果淡绿色，成熟后橙色，果面有不规则乳状突起，新奇可爱。

栽培方法

排水不畅，根部极易腐烂，因此栽种时一定要注意排水良好，盆栽时可以在盆内放置瓦片。生长期每半月施肥 1 次，孕蕾至幼果期增施 2 ~ 3 次磷、钾肥。

秋季剪取长 50 ~ 60 厘米结果枝作插材，以茎、果为主，摘除叶片，插于清水中保鲜。

繁殖方法

播种：春季盆播，播后 7 ~ 10 天发芽。

扦插：夏季用顶端嫩枝作插条，长 12 ~ 15 厘米，插入沙床，15 ~ 20 天可生根。

病虫害防治

叶斑病、炭疽病：用 10%抗菌剂 401 醋酸溶液 1000 倍液喷洒。

蚜虫和粉虱：用 2.5%鱼藤精乳油 1000 倍液喷杀。

[应用] 果形奇特，果色鲜艳，是一种珍贵的观果植物，在切花和盆栽花卉上广泛应用。
[注意事项] 不耐寒，怕水涝和干旱。

朱砂根

74·Ardisia crenate

[别名] 大罗伞、平地木、石青子、凉散遮金珠。
[科属] 紫金牛科紫金牛属。
[品种] 朱砂根。

[生长习性] 喜温暖湿润气候，对土壤要求不是很严，家庭盆栽时一般培养土即可。

[应用] 是优良的观果花木，也是极好的插花材料。

[注意事项] 注意平时基质不要过于干燥，否则影响开花结果。

形态特征

常绿小灌木。叶椭圆形，长约4～5厘米，宽2～3厘米，边缘有不规则的皱纹或锯齿，在两三年生枝条上着花，白色或粉红色，花期在夏季，花期可维持两三个月。到果红时，那绿色的顶层树冠下方，一串串一簇簇鲜红的小果，如宝石闪耀，似火焰燃烧，欢跃怡人，美艳可爱。

栽培方法

保持栽培基质湿润而又不积水，平时放在光线较好的朝南或朝东房间，常喷洒叶面，保持周围空气湿润，可促使多开花多结果，并使叶面更为光亮润泽。每年早春时，对树形进行适度修剪，可使株形更为优美。

繁殖方法

扦插：宜在春末夏初，扦插方法与一般花木相似。

播种：宜在早春进行，用成熟的果实取种子播种。

病虫害防治

叶斑病、炭疽病：用65%代森锌可湿性粉剂600倍液喷洒。

粉虱：可用40%氧化乐果乳油1000倍液喷杀。

石榴

75· Punica granatum

[别名] 安石榴、若榴、花石榴、观赏石榴。
[科属] 石榴科石榴属。
[品种] 月季石榴、千瓣月季石榴、白石榴、千瓣白石榴、黄石榴、玛瑙石榴。

[生长习性] 喜光，喜暖，亦耐寒，土壤略带黏性、富含石灰质之地生长良好，沙壤土或壤土亦宜生长。

[应用] 石榴是花、果兼美的树种，盆栽花石榴或果石榴，可装饰阳台、居室。果皮、根皮、花瓣均可药用。

[注意事项] 忌水涝。在石榴的整个生长季节都需将其放在阳光充足处，每天至少要保持5小时以上的日照。

形态特征

落叶灌木或小乔木。单叶对生，新叶呈红色。花1至数朵着生当年新梢顶端或叶腋，花有单瓣、重瓣之分，花色多为红色，也有白、黄、粉红等色。花期5月，开花时间较长。果实为多子浆果，球形，红黄色，顶端有宿萼。

栽培方法

可选择疏松肥沃的土壤，栽植时施入适量骨粉或饼肥末等肥料作基肥。每年春季展叶期、夏季孕蕾开花期和花后结果期都应分别施1～2次稀薄饼肥水，孕蕾期用0.2%磷酸二氢钾液喷施叶面一次。盆栽石榴开花后及时疏花、疏果，就能使留下的果实个大、色艳、味美。

繁殖方法

播种：春秋均可进行，将成熟果在春谷雨前后摘下，剥出种子，洗后阴干播于土中就可生根发芽，成活率很高。

扦插：嫩枝盆插，可在5～6月，选粗壮新梢，从顶部截取10厘米左右嫩枝，基部最好带0.5厘米老枝，剪去基部叶片，插于盛有珍珠岩或粗沙的盆中，深3～4厘米，约2～3周即可生根。

分株：石榴根部萌蘖力强，早春4月叶芽萌动前后掘起，分株后上盆栽种。

病虫害防治

果干腐病：可用70%甲基托布津可湿性粉剂1000倍液喷洒。

食心虫：用50%杀螟松乳油1000倍液喷杀。

金橘
76·*Fartunella crassifolia*

[别名] 金柑、金枣、罗浮、牛奶金柑、羊奶橘。
[科属] 芸香科金橘属。
[品种] 金弹、长叶金橘、圆金橘、四季橘、山橘等。

[生长习性] 较耐阴和干旱，喜温暖、湿润和阳光充足环境。

形态特征

多年生常绿灌木。树干通常无刺，小枝绿色。叶互生，长圆状披针形，表面深绿色，光亮，花白色，芳香，夏季6～7月开花，果实倒卵形，熟时金黄色，果皮肉质厚。

栽培方法

盆栽金橘要根据植株的生长情况，及时换大花盆，一般2～3年换盆1次，可在春季3～4月或秋季9～10月进行。换盆时，对植株进行修剪，将病枝从基部剪去，隔年生健壮枝留下2～3芽，上部均剪掉，每株留3～4枝。新长出的秋梢要及时剪去，以提高坐果率使果实丰满整齐。

繁殖方法

靠接：以枸橘为砧木，应提前1年盆栽砧木，在4～7月靠接，接穗选2年生健壮枝条。

病虫害防治

溃疡病：用代森铵600倍液喷雾防治。

炭疽病：用5%代森铵500～800倍液喷雾。隔10天喷雾1次，连续用药2次。

凤蝶幼虫：用40%氧化乐果乳油1500倍液喷杀。

[应用] 金橘于春节期间挂果累累，布置门厅或客厅。

[注意事项] 不耐寒，不耐水湿。

佛手
77·*Citrus medica var. sarcodastylis*

[**别名**] 佛指香橼、佛手柑、五指柑。
[**科属**] 芸香科柑橘属。
[**品种**] 浙江的金佛手、两广地区的广佛手、四川的川佛手。

[**生长习性**] 喜温暖气候，要求光照充足、通风良好的环境。

形态特征

常绿小乔木。株高 1 ~ 2 米，干为褐绿色，小枝绿色，有刺。叶互生，花白色，果实基部圆形，上部分裂成指状或顶端微裂，不完全开裂的称"拳佛手"；完全分裂如指状的称"开佛手"。初夏开花，秋末果成熟，鲜黄色，有浓香。

栽培方法

选择肥沃疏松的土壤作盆土，栽种好佛手后，要加强管理，主要是施肥，佛手施肥可分为 4 个阶段：在春梢抽发生长期（3 ~ 6 月），可结合浇水，每周施氮肥 1 次；生长旺盛期（6 ~ 7 月），也是盛花和结果期，可结合浇水，每 3 ~ 5 天施肥 1 次，最好多施磷、钾肥；果实生长期（7 ~ 9 月），每 10 天施 1 次以钙、磷、钾为主的复合肥，以促进果实成熟，提高坐果率；果实成熟采收和花芽分化期（10 月以后），可结合浇水加施腐熟人粪尿及饼肥、厩肥等冬肥，有利于翌年开花结果和保暖越冬。在霜降前应将盆栽佛手移入室内向阳处或温室内越冬。在越冬期间，保持室内气温在 4℃以上，同时要保持盆土湿润，切忌过湿或过干。

繁殖方法

高空压条：每年 5 ~ 7 月份选择生长健壮的高枝条或者结果枝，在适当部位由下向上斜向进行刻伤，用油毛毡或塑料薄膜套在刻伤处，下口绑紧，装上湿土，每天浇水，1 个月后即可生根。

扦插：4 ~ 8 月选生长健壮的枝条，先截成长约 12 厘米的插穗，插穗上有 4 ~ 5 个芽，然后插入苗床或盆内，插深 6 ~ 8 厘米，上端留 2 个芽，插后浇透水，20 ~ 30 天即可生根。

病虫害防治

煤烟病：用 75%百菌清 600 ~ 800 倍液喷治。

蚜虫：可用氧化乐果 1000 倍液喷杀。

[**应用**] 佛手果形如手指，颜色金黄，是著名秋冬观果花木。果实可泡酒、沏茶，还可制成饮料食品，具有较高药用价值。

[**注意事项**] 不耐寒冷，温度不得低于 3℃。

观赏辣椒

78·*Capsicum frutescens* cv.*Cerasiforme*

[别名] 圣诞辣椒、指天椒、五色椒。
[科属] 茄科辣椒属。
[品种] 樱桃辣椒、锥形辣椒、簇生红辣椒、佛手椒、小朝天椒。

[生长习性] 耐高温和干燥，喜温暖、湿润和阳光充足环境。

形态特征

多年生灌木状草本植物。株高 30 ～ 60 厘米，茎直立，叶似食用辣椒，花白色，从夏开到秋，一般在 6 ～ 7 月开花，花后结果，8 ～ 10 月成熟。果实成束簇生于枝端，球形或长圆锥形。果实鲜艳并具有光泽，常见鲜红、橙红、深紫、淡黄等色，镶嵌在深绿色叶丛之中。

栽培方法

幼苗出现 2 ～ 3 片真叶时，移栽到 7 厘米盆，生长期每半月施肥 1 次，使植株茎叶繁茂。开花期浇水不宜过多，以免落花，增施磷、钾肥 1 ～ 2 次，以利着果，保持土壤湿润，可延长观果期。

繁殖方法

播种：霜降前采收果实，晒干脱粒。干后挂于通风干燥处，在 3 ～ 4 月再取出种子，地播或盆播均可，发芽适温为 20 ～ 25℃，播后 7 ～ 10 天发芽，发芽迅速整齐，经 1 个月左右培育，可上盆定植。

病虫害防治

叶斑病：可用 50% 托布津可湿性粉剂 500 倍液喷洒。
蚜虫、蓟马：用 50% 杀螟松乳油 1500 倍液喷杀防治。

[应用] 适宜摆放在广场、店堂门厅、家庭窗台。果实可作辣椒食用，也可入药。
[注意事项] 不耐寒，怕积水，温度低于 10℃ 则停止生长。